生态循环农业实用技术系列丛书

总主编 单胜道 隗斌贤 沈其林 钱长根

瓜果类蔬菜立体栽培实用技术

施雪良　朱兴娜　顾掌根　主编

U0256218

中国农业出版社

北京

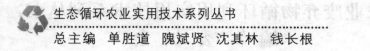 生态循环农业实用技术系列丛书

总主编 单胜道 隗斌贤 沈其林 钱长根

《节约集约农业实用技术系列丛书》
编辑委员会

主编 单胜道 沈其林 钱长根

编委（按姓氏笔画排序）

王李宝 任 萍 庄应强 李晓丹 吴湘莲

沈其林 单胜道 施雪良 秦国栋 钱长根

徐 坚 高春娟 黄凌云 黄锦法 寇 舒

屠娟丽 楼 平 虞方伯

节约集约农业实用技术系列丛书

- 设施农业物联网实用技术
- 大中型沼气工程自动化实用技术
- 果园间作套种立体栽培实用技术
- 湿地农业立体种养实用技术
- 瓜果类蔬菜立体栽培实用技术
- 农业生产节药实用技术
- 测土配方施肥实用技术
- 水肥一体化实用技术

农业废弃物循环利用实用技术系列丛书

- 秸秆还田沃土实用技术
- 作物秸秆栽培食用菌实用技术
- 秸秆生料无农药栽培平菇实用技术
- 秸秆资源纤维素综合利用实用技术
- 秸秆能源化利用实用技术
- 秸秆切碎及制备固体成型燃料实用技术
- 蚕桑生产废弃物资源化利用实用技术
- 桑、果树废枝栽培食用菌实用技术
- 虾蟹壳再利用实用技术
- 沼液无害化处理与资源化利用实用技术
- 生物炭环境生态修复实用技术
- 屠宰废水人工湿地处理实用技术

《瓜果类蔬菜立体栽培实用技术》
编　委　会

主　　编　施雪良　　朱兴娜　　顾掌根

编写人员　施雪良　　朱兴娜　　顾掌根

　　　　　　费伟英　　周素梅

编写单位　嘉兴职业技术学院

　　　　　　嘉兴农业科学研究院（所）

　　　　　　嘉兴碧云花园有限公司

丛书序一

当今世界，人口快速增长、气候极端变化已成为国际社会关注的焦点和人类必须面对的重大课题。在此大背景下，世界各国纷纷推行绿色新政，绿色经济、循环经济、低碳经济正成为全球经济的发展趋势。综观世界农业发展历程，经历了从传统农业向石油农业、化学农业跨越的发展阶段，虽然极大地提高了农业生产力，但同时也带来严峻的挑战，化学物质的过度使用已成为环境污染、生态退化的助推因素之一。为此，世界农业正孕育着发展理念的重大变革，低碳农业、有机农业、白色农业（微生物产业）等体现生态循环经济理念的新兴业态，正在全球逐步兴起，并成为引领农业发展的趋势所向。需要引起我们特别关注的是，许多国家特别是发达国家，借助绿色革命全球化的大趋势，又进一步构筑了新的绿色壁垒，不仅要求进口产品优质安全，而且对产地环境、生产过程提出了更高、更苛刻的要求。

2013年中央农村工作会议指出："小康不小康，关键看老乡。"目前我国农业还是"四化同步"的短腿，农村还是全面建成小康社会的短板。中国要强，农业必须强；中国要美，农村必须美；中国要富，农民必须富。农业基础稳固，农村和谐稳定，农民安居乐业，整个大局就有保障，各项工作都会比较主动。并明确要加快推进农业现代化，努力走出一条生产技术先进、经营规模适度、市场竞争力强、生态环境可持续的中国特色新型农业现代化道路。

发展生态循环农业，按照减量化、再利用、资源化的原则，构建资源节约、环境友好的农业生产经营体系，既有利于应对气候变化，也有利于提升农产品的国际竞争力。生态循环农业以生态学原理及其规律为指导，不断提高太阳能的固定率、物质循环的利用率、生物能的转化率并以资源的高效利用和循环利用为核心，以低消耗、低排放、高效率为基本特征，切实保护和改善生态环境，防止污染，维护生态平衡，变农业和农村经济的常规发展为持续发展，把环境建设同经济发展紧密结合起来，在最大限度地满足人们对农产品日益增长的需求的同时，使之达到生态系统的结构合理、功能健全、资源再生、系统稳定、管理高效、发展持续的目的。生态循环农业是农业发展方式的重大革新，是综合运用可持续发展思想、循环经济理论和生态工程学方法，以资源节约利用、产业持续发展和生态环境保护为核心，通过调整和优化农业的产业结构、生产方式和消费模式，实现农业经济活动与生态良性循环的可持续发展。

发展生态循环农业，可以针对我国地域辽阔，各地自然条件、资源基础、社会与经济发展水平差异较大的情况，充分吸收我国传统农业精华，结合现代科学技术，以多种生态模式、生态工程和丰富多彩的技术类型装备农业生产，使各区域都能扬长避短，充分发挥地域优势，保证各产业都能根据社会需要与当地实际协调发展。可以运用物质循环再生原理和物质多层次利用技术，通过物质循环和能量多层次综合利用和系列化深加工，实现较少废弃物的生产和提高资源利用效率，实行废弃物资源化利用，降低农业成本，提高效益，为农村大量剩余劳动力创造农业内部就业机会，保护农民从事农业的积极性。因此，完善生态循环农业模式，推广生态循环农业实用技术，对加快我国农业发展具有极其重要的现实意义。

然而，生态循环农业技术的开发与推广应用具有很强的外部性，它不仅能产生明显的经济效益，还会带来巨大的生态效益和社会效益，但这种外部性却很难内化为从事生态循环农业技术研究开发和推广应用部门的直接收益。因而，目前其研发和推广应用的动力仍显不足，不仅原有的优良传统技术没有得到很好发展，而且有自主知识产权并具有良好适用性和较高推广应用价值的实用技术较为缺乏。生态循环农业关键技术特别是农业生产资源节约集约利用、农业废弃物循环利用等方面的实用技术集成创新与推广应用滞后，极不利于我国农业的可持续发展。

欣喜"生态循环农业实用技术系列丛书"的问世，它首先贯彻了党的十八大绿色发展、循环发展、低碳发展的生态文明建设精神，同时符合中国现代农业科技发展之需求，也弥补了当今广大农村在实施生态循环农业中实用技术集成创新与推广的欠缺。

相信"生态循环农业实用技术系列丛书"的出版，能够有助于加快推进生态环境可持续的中国特色新型农业现代化的发展。

中国工程院　院士
国际欧亚科学院　院士　金鉴明

2014 年 4 月 18 日

丛书序二

从20世纪80年代开始，部分发达国家提出了生态农业概念，引起了世界各国的普遍重视。相对于传统农业而言，生态循环农业更加注重将农业经济活动、生态环境建设和倡导绿色消费融为一体，更加强调产业结构与资源禀赋的耦合、生产方式与环境承载的协调，是实现农业的经济、社会、生态效益有机统一的有效途径。生态循环农业是按照生态学原理和经济学原理，运用现代科学技术成果和现代管理手段，以及传统农业的有效经验建立起来的，它不是单纯地着眼于当年的产量和经济效益，而是追求经济效益、社会效益、生态效益的高度统一，使整个农业生产步入可持续发展的良性循环轨道。生态循环农业强调发挥农业生态系统的整体功能，以大农业为出发点，按"整体、协调、循环、再生"的原则，全面规划，调整和优化农业结构，使农、林、牧、副、渔各业和农村一、二、三产业综合发展，并使各业之间互相支持，相得益彰，提高综合生产能力。生态循环农业是伴随着整个农业生产的不断发展而逐步形成的一种全新农业发展模式。加快生态循环农业发展，既要注重总结与推广我国传统农业中属于生态农业的经验和做法，如：合理轮作、种植绿肥、施用有机肥等，还要加强研究与大力推广先进的生态循环农业新技术，如：为了减少白色污染而研制的光解膜、生物农药、生物化肥、秸秆还田、节水灌溉等。

加快发展生态循环农业，走资源节约、生态保护的发展路子，既有利于实现农业节能减排，减轻对环境的不良影响，又有利于改善农产品品质，提升产业发展水平，更好地将生态环境优势转化为产业和经济优势，满足城乡居民对农业的物质产品、生态产品和文化产品的需求，为农民增收开辟新的渠道。发展生态循环农业，通过优化农业资源配置，推行节约集约利用，有利于防止掠夺式生产带来的资源过度消耗；通过农业废弃物的资源化利用，有利于改善和保护生态环境，缓解环境承载压力，增强农业发展的协调性和可持续性。

2014年中央1号文件《关于全面深化农村改革加快推进农业现代化的若干意见》明确提出，要以解决好地怎么种为导向加快构建新型农业经营体系，以解决好地少水缺的资源环境约束为导向深入推进农业发展方式转变，以满足吃得好吃得安全为导向大力发展优质安全农产品，努力走出一条生产技术先进、经营规模适度、市场竞争力强、生态环境可持续的中国特色新型农业现代化道路。同时明确指出，要加大农业面源污染防治力度，支持高效肥和低残留农药使用、规模养殖场畜禽粪便资源化利用、新型农业经营主体使用有机肥、推广高标准农膜和残膜回收等试点，促进生态友好型农业发展。

为了适应我国农业发展的新形势以及中央关于农业和农村工作的新任务、新要求，"生态循环农业实用技术系列丛书"编写委员会组织有关高等院校、科研机构、推广部门、涉农企业等近30家单位长期从事生态循环农业技术研发的100多位技术研究和推广人员，从农业生产资源节约集约利用、农业废弃物循环利用两大方面着手，选定 20 个专题进行了深入的理论研究与广泛的实践应用试验，形成了 20 部"实用技术"书稿。我相信此套丛书的出版，必将为加快我国生态环境可持续的特色新型农业现代化发展注入新的活力并发挥积极作用。

中国工程院院士　方智远

2014 年 4 月 22 日

丛书前言

　　农业作为自然再生产与经济再生产有机结合的产业，离不开自然资源和生态环境的有效支撑。我国农业资源禀赋不足，且时间、空间分布上很不均衡，受经营制度、生产习惯等多种因素的影响，农业小规模分散经营，单纯依靠资源消耗、物质投入的粗放型生产方式尚未根本转变。随着经济社会的快速发展和人们生活水平的不断提高，城乡居民对农业的产品形态、质量要求发生深刻变化，既赋予了农业更为丰富的内涵，也提出了新的更高要求。在资源环境约束、消费需求升级、市场竞争加剧的多重因素逼迫下，我们正面临转变发展方式、推进农业转型升级的重大任务。随着工业化、城市化的快速推进以及农业市场化的步伐加快，农业受到资源制约和环境承载压力越来越突出，保障农产品有效供给、促进农民增收和实现农业可持续发展，更加有赖于有限资源的节约、高效、循环利用，有赖于生态环境的保护和改善，以增加资源要素投入为主、片面追求面积数量增长、污染影响生态环境的粗放型生产经营方式已难以为继。发展生态循环农业，运用可持续发展思想、循环经济理论和生态工程学的方法，加快构建资源节约、环境友好的现代农业生产经营体系，是顺应世界农业发展的新趋势和现代农业发展的新要求，是转变发展方式、推进农业转型升级的有效途径，是改善生态环境、建设生态文明的现实举措。发展生态循环农业，有助于突破资源瓶颈制约，开拓农业发展新空间；有助于协调农业生产与生态关系，促进农业可持续发展；有助于推进农业产业融合，拓展农业功能，推动高效生态农业再拓新领域、再创新优势，为农业和农村经济持续健康发展奠定良好的基础。

为了加快生态循环农业技术集成创新，促进新型实用技术推广与应用，推动农业发展方式转变与产业转型升级，实现农业的生态高效与可持续发展。由浙江科技学院、嘉兴职业技术学院、浙江农林大学、浙江省农业生态与能源办公室、浙江省科学技术协会、浙江省循环经济学会共同牵头，邀请浙江大学、中国农业科学院、上海交通大学、浙江省农业科学院、浙江理工大学、浙江海洋学院、江苏省中国科学院植物研究所、温州科技职业学院、浙江省淡水水产研究所、江苏省海洋水产研究所、嘉兴市农业经济局、嘉兴市农业科学研究院、泰州市出入境检验检疫局、嘉兴市环境保护监测站、绍兴市农村能源办公室、上海市奉贤区食用菌技术推广站、乐清市农业局特产站、温州市蓝丰农业科技开发中心等近30家单位长期从事生态循环农业技术研究与推广的100多位专家，合作开展生态循环农业实用技术研发及系列丛书编写，并按农业生产资源节约集约利用实用技术、农业废弃物循环利用实用技术2个系列分别进行技术集成创新与专题丛书编写。在全体研发与编写人员的共同努力下，研究工作进展顺利并取得了一系列的成果：发表了400余篇论文，其中SCI与EI收录110多篇；获得了500多个授权专利，其中发明专利60多个；编写了《农业生产节药实用技术》《湿地农业立体种养实用技术》《水肥一体化实用技术》《设施农业物联网实用技术》《秸秆还田沃土实用技术》《生物炭环境生态修复实用技术》《沼液无害化处理与资源化利用实用技术》《桑、果树废枝栽培食用菌实用技术》《屠宰废水人工湿地处理实用技术》《蚕桑生产废弃物资源化利用实用技术》等系列丛书20分册，其中"节约集约农业实用技术系列丛书"8册、"农业废弃物循环利用实用技术系列丛书"12册。

生态循环农业实用技术研发与系列丛书编写工作的圆满完成，得益于浙江省委农办、浙江省农业厅有关领导的亲切关怀和大力支持，也得益于浙江大学、中国农业科学院、上海交通大学、浙江省农业科学院、浙江理工大学、浙江海洋学院等单位领导的全力支持与积极配合，更得益于全体研发与编写人员的共同努力和辛勤付出。在此，向大家表示衷心的感谢，并致以崇高的敬意！另外，还要特别感谢中国工程院院士、国际欧亚科学院院士金鉴明先生和中国工程院院士方智远先生的精心指导，并为丛书作序。

由于时间仓促，编者水平有限，丛书中一定还存在着的许多问题和不足，恳请广大读者批评指正！

编委会

2014 年 3 月

前　言

　　本书所述瓜果类蔬菜仅指传统蔬菜分类中的瓜类和茄果类两类蔬菜，但仅这两大类蔬菜在世界蔬菜生产上一直占据着十分重要的地位，同时也是我国蔬菜生产各类技术综合利用较多的重要的蔬菜种类。其立体种植模式是传统农业精耕细作的体现，特别在土地和空间利用方面可以称得上是农业立体种植的典范。

　　本书以黄瓜、西瓜、甜瓜、苦瓜、瓠瓜、南瓜、丝瓜7种常见瓜类蔬菜和番茄、茄子、辣椒3种茄果类蔬菜为代表，通过品种类型、生物学特性、栽培季节和栽培技术等方面知识与技能的介绍，以期为广大蔬菜生产者改进生产技术、降低生产成本、增加收益提供一些帮助或借鉴。

　　由于编者水平有限，书中错漏之处难免，敬请读者批评与指正。

编者

2016 年 8 月

目　录

第一章 蔬菜立体栽培概述

蔬菜立体栽培指根据当地的自然条件和各种蔬菜对环境条件的要求，充分利用生育期长短的时间差、植株高矮的空间差以及对土壤营养、湿度、光照、水分要求不同的环境差，进行间作或套作，形成合理的复合立体结构，以最大限度地发挥土地和作物的生产潜力，在同一时间内的单位土地面积上收获更多的农产品。根据蔬菜立体栽培群体所处的位置又可分为地面立体栽培和空间立体栽培。地面立体栽培的不同作物都种在同一地平面上，但地上部呈立体分布，此种栽培实际就是传统农业中的间套作。而空间立体栽培指的是利用一定的栽培设施，不同的蔬菜栽植在不同的层次上，如床台式、吊盆、吊袋、立柱式等。

一、立体栽培的优点

1. 立体栽培有利于提高光能利用率 植物的生长发育都离不开光照，一般植物的总干物质 90% 以上是来自光合作用，只有 5%～10% 来自土壤。目前，农业生产中的光能利用率只有 0.3%～0.4%，如果能把光能利用率提高到 1%～2%，作物产量就可以增加 1 倍以上。光合产物的总量主要受叶面积、净同化率、光合作用时间的影响。其中叶面积最重要，在一定范围内增加蔬菜群体的叶面积就可以提高蔬菜产量。但平面栽培叶面积增加有限，超过了一定限度，互相荫蔽反而减产，如果采用立体栽培，分层利用空间差，叶面积系数可达土地面积的 5～6 倍甚至更多，产量即可大幅度增长。

2. 立体栽培可以增加复种指数、提高土地利用率 复种指数受地区气候、作物生育期长短的制约，如果采用间套种立体栽培，使前后茬作物有一段共生期，等于缩短了它们的生长期，增加了种植茬次，也就增加了复种指数。复种指数提高了，土地利用率也得以提高。

3. 有利于提高种植密度　合理密植是增产的一项重要措施，因为作物的产量是由单位面积上种植作物的株数和单株产量构成的，而种植密度又受最大叶面积系数制约，而立体栽培的群体叶面积远远大于单作平面栽培，所以也能大幅度提高产量。

4. 立体栽培有利于发挥"边际效应"　一般生长于田边、沟边的作物由于光照充足，通风条件好，植株比较健壮，品质好，产量也高。如立体栽培、高矮间套作，高秆作物缩小株距，矮秆作物增加行距，使高秆作物发挥边行优势，种间互利共同增产。

二、立体栽培应掌握的一般原则

（1）将吸收土壤营养不同、根系深浅不同的蔬菜互相轮作或间套作。如将需要氮肥较多的叶菜与消耗钾肥较多的根、茎菜或消耗磷肥较多的花果菜，以及深根性茄果类、瓜类、豆类与浅根性的叶菜类、葱蒜类轮换或搭配。

（2）同一个科、属的植物往往有共同的病虫害，不宜连作，应选不同科之间的作物互相轮作。

（3）豆科作物有根瘤，可以培肥土壤，葱蒜类植物有一定的杀菌作用，因此可与其他类蔬菜轮作或间套作。水生作物可以抑制旱地杂草及地下病虫害，是其他类蔬菜的良好前作。

（4）喜强光的瓜类、茄子、番茄、豇豆、扁豆、菜豆与喜弱光的葱、韭菜、姜、蒜、芹菜、莴苣、茼蒿、茴香等配合；高秆直立或搭架的与矮秆塌地的配合。

（5）生长期长的高秆作物与生长期短的攀援植物间套作，后期利用高秆作物的茎秆作支架供蔓生作物攀援，如烤烟地套种菜豌豆，玉米套种豇豆、菜豆、豌豆等，或者利用前作的支架间套瓜类或豆类，如用番茄地间套西瓜、冬瓜、丝瓜、苦瓜、豇豆等。

（6）合理安排好田间群体结构，处理好主作与副作争空间、争水肥的矛盾。在保证主作密度及产量的前提下，适当提高副作的密度，尽量缩小前后茬共生的时间。或者采取一些相应的栽培技术措施，随时调整主副作的关系，促进它们朝互利方向发展。

第二章　瓜类蔬菜立体栽培

第一节　瓜类蔬菜概述

瓜类蔬菜品种种类较多，但均属于葫芦科一年生或多年生草本植物。主要包括甜瓜属的黄瓜、甜瓜，南瓜属的中国南瓜、印度南瓜（笋瓜）、西葫芦（美洲南瓜），西瓜属的西瓜，冬瓜属的冬瓜和节瓜，葫芦属的瓠瓜，丝瓜属的普通丝瓜和有棱丝瓜，苦瓜属的苦瓜，佛手瓜属的佛手瓜以及栝楼属的蛇瓜等。其中西瓜和甜瓜食用成熟果实，冬瓜和南瓜的嫩果和成熟果实均可食用，其他瓜类蔬菜主要食用嫩果。瓜类蔬菜含有大量水分、蛋白质、碳水化合物和各种维生素及矿质元素，营养丰富。露地结合设施栽培，可周年供应，经济效益显著。

瓜类蔬菜除黄瓜外，根系都比较发达，但易木栓化，受伤后再生能力弱，所以生产上必须采用直播或护根育苗。多数瓜类蔬菜茎蔓生，茎上有卷须，能够攀缘向上，需支架栽培；茎节易生不定根，可吸收养分、水分，防止风害，因此爬地栽培时可压蔓；多数种类为雌雄同株异花，花的性型具有可塑性，可人为控制；均虫媒花，易自然杂交，制种时必须设法隔离。

瓜类蔬菜原产于热带或亚热带，整个生育周期要求较高的温度，不耐轻霜，要求较大的昼夜温差；喜日照时数多和较强的光照度，如连绵阴雨、光照不足则病害严重，产量大减，品质下降；低温短日照条件下可促进雌花的分化和形成；瓜类蔬菜主要以果实为收获产品，施肥上必须配施适量磷、钾肥；瓜类蔬菜具有共同的病虫害，栽培上需与非瓜类作物实行 3 年以上轮作。

第二节　黄　瓜

黄瓜别名胡瓜、王瓜、青瓜，是葫芦科甜瓜属一年生攀缘性植物。黄瓜营养丰富，气味清香，鲜食、熟食均可，还能加工成腌菜、泡菜、酱菜等，是世界各地人们喜食的蔬菜之一，加之品种类型丰富，适应性较强，所以分布十分广泛，是全球性的主要蔬菜之一。

一、品种类型

根据黄瓜品种的分布区域及生态学性状，可分为华北型、华南型、南亚型、北欧温室型、欧美露地型和小型黄瓜 6 个类型。其中华北型、华南型和北欧温室型黄瓜目前在我国栽培较多。

(一)华北型

俗称"水黄瓜"，主要分布于中国黄河流域以北及朝鲜、日本等地。植株生长势中等，喜土壤湿润、天气晴朗的气候条件，对日照长短要求不严。该类型黄瓜茎节和叶柄较长，叶片大而薄，果实细长，绿色，刺瘤密，多白刺。

(二)华南型

俗称"旱黄瓜"，主要分布于中国长江以南及日本各地。该类型黄瓜茎叶繁茂，茎粗，节间短，叶片肥大，耐湿热，要求短日照。果实短粗，果皮硬，果皮绿、绿白、黄白色，刺瘤稀，多黑刺。

(三)北欧温室型

分布于英国、荷兰。植株茎叶繁茂，耐低温弱光，对日照长短要求不严。果面光滑无刺，绿色，种子少或单性结果。

二、生物学特性

(一)形态特征

1. 根　黄瓜根系分布浅，根量少，大部分根群分布在 20 厘米土层内。根系呼吸能力强，故栽培上要选择透气性良好的壤土或沙壤土。根系木栓化程度高，再生能力差，伤根后不易恢复，育苗时必须采取护根措施。茎基部近地面处有形成不定根的能力，不定根有助于吸收营养与水分。

2. 茎 茎蔓生，中空，含水量高，易折断（裂）。6～7片叶后，不能直立生长，需搭架或吊蔓栽培。茎为无限生长，叶腋间有分生侧蔓的能力，打顶破坏主蔓的顶端优势后，主蔓上的侧蔓由下而上依次发生。

3. 叶 子叶对生，长椭圆形。真叶呈掌状五角形，互生，叶表面被有刺毛和气孔。叶面积大，蒸腾能力强。叶腋间着生的卷须是黄瓜的变态器官，具有攀缘功能。

4. 花 多为单性花，生产上最常见的为雌雄同株异花的株型，植株上只有雌花而无雄花的为雌性型。一般雄花比雌花出现早，主蔓上第一雌花的节位高低与早熟性有很大关系，早熟品种第三至四节出现雌花，而晚熟品种第八至十节及以上才出现雌花。

黄瓜花芽分化较早，一般第一片真叶展开时，叶芽已分化第十二节，花芽已分化到第九节，但花的性型尚未确定；第二片真叶展开时，叶芽已分化到第十四至十六节，花芽已分化到第十一至十三节，同时第三至五节的性型已确定。黄瓜花的性型是可塑的，最初分化出花的原始体，具有雌蕊和雄蕊两性原基。当环境条件适于雌蕊原基发育时，雄蕊原基退化，雌蕊原基发育，形成雌花；环境条件适于雄蕊原基发育时，雌蕊原基退化，雄蕊原基发育就形成雄花。环境条件和栽培措施可影响黄瓜花芽的性型分化。通常13～15 ℃的低夜温和8小时左右的短日照有利于雌花分化，不但雌花数多，着花节位也低；较高的空气湿度、土壤含水量、土壤有机质含量和CO_2浓度等均有利于雌花分化；此外，花的性型受激素控制，乙烯多增加雌花，赤霉素多增加雄花。因此，苗期可采取适当的技术措施对黄瓜的花进行性型调控，以降低雌花节位，增加雌花数量，达到早熟、高产的目的。

5. 果实　瓠果，果实的性状因品种而异。果形为筒形至长棒状，果色有深绿、浅绿、黄绿甚至白色，果面光滑或有棱、瘤、刺，刺色有黑、褐、白之分。黄瓜有单性结实能力，即不授粉时也能形成正常果实。这是因为黄瓜子房中生长素含量较高，能控制自身养分分配所致。

6. 种子　种子扁平椭圆形，黄白色。种子千粒重 22～42 克，种子发芽年限 4～5 年。

(二) 生长发育周期

1. 发芽期　从种子萌动到第一片真叶出现（露真）为发芽期，适宜条件下 5～10 天。发芽期生长所需养分完全靠种子本身贮藏的养分供给，此期末是分苗的最佳时期。

2. 幼苗期　从"露真"到植株具有 4～5 片真叶（团棵）为幼苗期，20～30 天。幼苗期黄瓜的生育特点是叶的形成、根系的发育和花芽的分化，管理重点是促进根系发育和雌花的分化，防止徒长。此阶段中后期是定植适期。

3. 抽蔓期　又称初花期，从植株"团棵"到根瓜坐住为止，15～25 天。此期植株的发育特点主要是茎叶形成，其次是花芽继续分化，花数不断增加，根系进一步发展。这一阶段是由营养生长向生殖生长过渡阶段，栽培上既要促使根的活力增强，又要扩大叶面积，确保花芽的数量和质量，并使瓜坐稳，避免徒长与化瓜出现。

4. 结果期　从根瓜坐住到拉秧为结果期。结果期的长短因栽培形式和环境条件的不同而异。露地夏秋黄瓜只有 40 天左右，日光温室冬春茬黄瓜长达 120～150 天。黄瓜结果期生育特点是营养生长与生殖生长同时进行，即茎叶生长和开花结果同时进行。结果期的长短是产量高低的关键所在，因而应尽量延长结果期。

（三）对环境条件的要求

1. 温度 黄瓜是典型的喜温植物，生长发育的温度范围为10~32℃，最适宜温度为24℃。环境温度低于10℃，各种生理活动都会受到影响，甚至停止，-2~0℃为冻死温度。但苗期低温锻炼能够提高黄瓜的耐寒能力。温度高于32℃，植株开始生长不良，高于35℃时生理失调，植株迅速衰败。黄瓜对地温要求比较严格，生育期间最适宜地温为20~25℃，地温长时间低于12℃，根系活动受阻；地温高于30℃，根系易老化。黄瓜生育期间要求一定的昼夜温差。一般日温25~30℃，夜温13~15℃，昼夜温差10~15℃较为适宜。黄瓜发芽最适宜温度为25~30℃。

2. 光照 黄瓜的光饱和点为55 000勒克斯，光补偿点为1 500勒克斯，生育期间最适宜光照强度为40 000~50 000勒克斯，黄瓜在果菜类中属于比较耐弱光的蔬菜。黄瓜对日照长短的要求因生态环境不同而有差异。一般华南型品种对短日照较为敏感，而华北型品种对日照的长短要求不严格，已成为日中性植物，但8~11小时的短日照能促进雌花的分化和形成。

3. 水分 黄瓜需水量大，适宜土壤湿度为土壤最大持水量的80%，适宜空气相对湿度为60%~90%，也可以忍受95%~100%的空气相对湿度，但湿度较大容易诱发病害。黄瓜喜湿又怕涝，设施栽培时，土壤温度低、湿度大时极易发生寒根、沤根和猝倒病。黄瓜不同生育阶段对水分的要求不同。幼苗期水分不宜过多，否则易发生徒长，但也不宜过分控制，否则易形成老化苗。初花期要控制水分，防止地上部徒长，促进根系发育，为结果期打下好的基础。结果期营养生长和生殖生长同步进行，对水分要求多，必须供给充足的水分才能获得高产。

4. 土壤营养 栽培黄瓜宜选有机质含量高、疏松透气的土壤，适宜的土壤pH为5.5~7.2。黄瓜喜肥又不耐肥。由于植株生长迅速，短期内生产大量果实，因此需肥量较大，但黄瓜根系吸收养分的范围小、能力差，忍受土壤溶液的浓度较小，所以施肥应以农家肥为主，只有在大量施用农家肥的基础上提高土壤的缓冲能力，才能配合施用较多的速效化肥。一般每生产 1 000千克果实需吸收纯氮（N）2.8 千克、纯磷（P_2O_5）0.9 千克、纯钾（K_2O）3.9 千克。

三、栽培季节和茬次安排

我国长江流域及其以南地区无霜期长，一年四季均可栽培黄瓜。夏秋季以露地栽培为主，冬春季节多利用塑料大、中棚等设施进行保护栽培。北方地区无霜期短，黄瓜除夏季可在露地栽培外，充分利用塑料大、中、小棚和日光温室进行提前、延后和越冬栽培，也可实现黄瓜的周年生产和均衡供应。

四、栽培技术

(一)日光温室冬春茬栽培技术

1. 品种选择　日光温室冬春茬黄瓜栽培，是设施黄瓜生产中栽培难度较大，经济效益较高的栽培形式。幼苗期在初冬度过，抽蔓期处于严寒冬季，1 月开始采收，采收期跨越冬、春、夏三季，整个生育期达 8 个月以上。由于生育期需要经历较长时期的低温、弱光阶段，必须选择耐低温弱光品种，且具有植株长势强、不易徒长、分枝少、雌花节位低、节成性好、瓜条商品性好、高产抗病等特性。目前生产中仍以华北型密刺类品种为主，如津优 2 号、津优 3 号、津绿 3 号、津春 3 号、中农 12、中农 13、锦早 3 号等品种。近年华南型黄瓜如白绿节、绿隆星，北欧型黄瓜如以色列的萨瑞格，荷兰的戴多星、美佳，我国研制的农大春光 1 号、中农 19、美奥 6 号等在温室黄瓜冬春茬生产中的面积也不断扩大。

2. 育苗　黄瓜设施栽培中，由于土壤长年连作，致使枯萎病、疫病等土传病害逐年加重，严重影响产量和效益。嫁接育苗是防止土传病害、克服设施土壤连作障碍的最有效措施。此外，嫁接苗与自根苗相比，抗逆性增强，生长旺盛，产量增加，尤其是在日光温室冬春茬黄瓜栽培中地温较低的情况下，增产效果突出。因此，黄瓜的设施栽培中已广泛采用嫁接育苗，当前生产中多采用黑籽南瓜作砧木。

3. 整地定植 冬春茬黄瓜生育期较长，施足基肥是黄瓜高产的基础。在一般土壤肥力水平下，每亩*撒施优质腐熟农家肥5 000千克，然后深翻30～40厘米，耙细耧平。日光温室冬春茬黄瓜宜采用南北行向、大小行地膜覆盖栽培。整地前按大行距80厘米、小行距50厘米开施肥沟，沟内再施农家肥5 000千克，逐沟灌水造底墒，水渗下后在大行间开沟，做成80厘米宽、10～13厘米高的小高畦，畦间沟宽50厘米，可作为定植后生产管理的作业道。

选择充足阳光的晴天上午定植，以利于缓苗。定植时在小高畦上，按行距50厘米开两条定植沟，选整齐一致的秧苗，按平均株距35厘米将苗坨摆入沟中（南侧株距适当缩小，北侧株距适当加大），每亩栽苗3 000～3 500株。秧苗在沟中要摆成一条线，高矮一致，株间点施磷酸二铵，每亩用量25千克，与土混拌均匀。苗摆好后，向沟内浇足定植水，水渗下后合垄。黄瓜栽苗深度以合完垄苗坨表面与地表面平齐为宜。栽苗过深，根系透气性差，地温低，黄瓜发根慢，不利于缓苗。尤其是嫁接苗定植时切不可埋过接口处，否则土壤内病菌易通过接触侵染接穗。定植完毕后，在两行苗中间开个浅沟，用小木板把垄台、垄帮刮平，中间浅沟的深浅宽窄一致，以利于膜下灌水。定植后可在行距50厘米的两小行上覆地膜，在每株秧苗处开纵口，把秧苗引出膜外。

4. 定植后管理

（1）温度管理 定植后应密闭保温，尽量提高室内温湿度，

---

* 亩为非法定计量单位，1亩≈667米²，下同。——编者注

以利于缓苗。一般以日温 25～28 ℃，夜温 13～15 ℃为宜，地温要尽量保持在 15 ℃以上。进入抽蔓期以后，应根据黄瓜一天中光合作用和生长重心的变化进行温度管理。黄瓜上午光合作用比较旺盛，光合量占全天的 60%～70%，下午光合作用减弱，约占全天 30%～40%。光合产物从午后 3～4 时开始向其他器官运输，养分运输的适温是 16～20 ℃，15 ℃以下停滞，所以前半夜温度不能过低。后半夜到揭草苫前应降低温度，抑制呼吸消耗，在 10～20 ℃范围内，温度越低，呼吸消耗越小。因此，为了促进光合产物的运输，抑制养分消耗，增加产量，在温度管理上应适当加大昼夜温差，实行四段变温管理，即上午为 26～28 ℃，下午逐渐降到 20～22 ℃，前半夜再降至 15～17 ℃，后半夜降至 10～12 ℃。白天超过 30 ℃从顶部放风，午后降到 20 ℃闭风，天气不好时可提早闭风，一般室温降到 15 ℃时放草苫，遇到寒流可在 17～18 ℃时放草苫。这样的管理有利于黄瓜雌花的形成，提高节成性。进入盛果期后仍实行变温管理，由于这一时期（3月以后）日照时数增加，光照由弱转强，室温可适当提高，上午保持 28～30 ℃，下午 22～24 ℃，前半夜 17～19 ℃，后半夜 12～14 ℃。在生育后期应加强通风，避免室温过高。

（2）光照调节 日光温室冬春茬黄瓜定植前期和结果初期正处于外界温度较低、光照较弱的时期，低温和弱光是黄瓜正常生长的限制因子。因此，冬春茬黄瓜光照调节的核心是增光补光，尽量延长光照时间，增加光照强度，以提高室内温度，促进植株的光合作用，使植株旺盛生长、结果，达到增产增收的目的。

（3）水肥管理 定植后 3～5 天，如发现水分不足应在膜下沟内灌 1 次缓苗水，水量要充足，并且要在晴天上午进行，避免严寒季节频繁浇水，降低地温。抽蔓期以保水保温、控秧促根为主要目标，如果定植水和缓苗水浇透，土壤不严重缺水，在根瓜形成前不追肥灌水，采用蹲苗的方式以促进根系发育。

冬春茬黄瓜的追肥灌水，主要在结果期进行。当黄瓜大部分植株根瓜长到 15 厘米左右时，进行第一次浇水追肥。应采用膜下沟灌或滴灌，以提高地温，降低空气湿度。结合浇水每亩施三元复合肥 15 千克，施用时将肥料溶于水中，然后随水灌入小行垄沟中，灌水后把地膜盖严。从采收初期至结瓜盛期一般 10～20 天灌 1 次水，隔 1 水追 1 次肥，磷酸二铵、硫酸钾和三元复合肥、饼肥、鸡粪等交替使用。进入结果盛期后，外温高，放风量大，土壤水分蒸发快，需 5～10 天灌 1 次水，10～15 天追 1 次肥。盛果期开始在明沟追肥，可先松土，然后灌水追肥，并与暗沟交替进行。叶面喷肥从定植至生产结束可每 15 天喷施 1 次，肥料可选用磷酸二氢钾及多种商品叶面肥。由于日光温室冬春茬黄瓜栽培中通风量较小，室内 CO_2 严重亏缺，结果期施用 CO_2 气肥，使温室内 CO_2 浓度达 1 000 毫升/米^3，即可达到增产效果。

（4）植株调整　黄瓜定植后生长迅速，需用尼龙绳吊蔓缠蔓。同时还要及时摘除侧枝、雄花、卷须和砧木发出的萌蘖，以及化瓜和畸形瓜。生长中后期，摘除植株底部的病叶、老叶，既能减少养分消耗，又有利于通风透光，还能减少病害发生和传播。日光温室冬春茬黄瓜以主蔓结瓜为主，整个生育期一般不摘心，主蔓可高达 5 米以上。因此在生长过程中，为改善室内的光照条件，可随着下部果实的采收，随时落蔓，使植株高度始终保持 1.8 米左右。落蔓前打掉下部老叶，把拴在铁丝上尼龙绳解开，使黄瓜龙头下落至一定的高度，为龙头生长留出空间，再重新拴住。落下的蔓盘卧在地膜上，注意避免与土壤接触。

5. 采收　根瓜应及早采收，特别是长势较弱的植株更应早采，以防坠秧。以后应根据植株生育和结瓜数量决定采收时期，如果植株生长旺盛，结果量较少，应适当延迟采收。采收应在早晨进行，严格掌握采收标准。采下的黄瓜要整齐地摆放在包装箱内，遮光保湿。

（二）日光温室秋冬茬栽培技术要点

1. 品种选择　日光温室秋冬茬黄瓜栽培，以深秋和初冬供应市场为主要目标，是黄瓜周年供应中的一个重要环节。该茬黄瓜所经历的环境条件与冬春茬黄瓜所经历的环境条件恰恰相反，因此，应选择苗期较耐高温强光、结瓜期较耐低温弱光的品种。较优良的品种有中农 1101、中农 2 号、津研 6 号、津研 7 号、津春 2 号、津优 5 号、津研 5 号、农大秋棚 2 号、中农 10 号、津杂 4 号、津研 4 号及由韩国引进的长绿黑珍珠等品种。

2. 育苗　日光温室秋冬茬黄瓜多在夏末秋初播种育苗，此时正值高温、强光、多雨季节，不利于黄瓜幼苗的生长发育，因此，必须选择地势高燥的地方设置苗床，苗床上方设四周通风的遮阴防雨棚，使苗床内透光率为 50% 左右。苗期水分管理的原则是勤浇少浇，既可使土壤保持一定湿度，又可降低地温。为了促进雌花形成和防止苗期徒长，可在第二片真叶和第四片真叶展开时分别向幼苗喷施 100 毫升/升乙烯利溶液。秋冬茬黄瓜的日历苗龄 20 天左右，其壮苗指标为株高 8～10 厘米，茎粗 0.6 厘米以上，叶片数 2～3 片，叶片厚而浓绿，子叶健壮，根系发达。

3. 整地定植　秋冬茬黄瓜于 9 月定植。定植前温室前屋面覆盖薄膜，并将底脚薄膜揭开，后部开通风口。定植前每亩撒施优质农家肥 5 000 千克，按大行 80 厘米、小行 50 厘米起垄。定植应选择晴天的下午 3 时以后或阴天进行，避免在高温强光下定植。定植深度以苗坨表面低于垄面 2 厘米为宜，并在两坨中间点施磷酸二铵，每亩用量 25 千克，然后浇足水，因秋天温度高蒸发量大，可连续浇 2～3 次水，缓苗之后，适时松土，封好定植沟并覆盖地膜。

4. 定植后管理

（1）温光调控　定植初期外界温度比较高，因此温室内各通风口都应打开，昼夜放风。如光照过强，可在棚膜上覆盖遮阳网以降低透光度。下雨前把薄膜盖好，防止雨水进入温室，引发病害。当外界最低温度降至 15 ℃时，要逐渐减少通风量，保持日温 25～30 ℃，夜温 13～15 ℃。当外界最低气温降至 12 ℃，夜间开始闭风。当夜间室内气温降至 10～12 ℃时，开始覆盖草苫，遇到灾害性天气，还应采取临时加温措施。

（2）水肥管理　秋冬茬黄瓜第一次追肥灌水应在根瓜膨大期进行，每亩施磷酸二铵 15～20 千克。结果前期光照强、温度高、放风量大，土壤水分蒸发快，可以适当勤浇水，每隔 5～6 天浇1 次水，浇水后要加强放风。浇水最好在早晨傍晚进行。一般灌2 次水追 1 次肥。随着外界气温的下降，可减少灌水次数，严冬季节不再灌水。根据植株生长情况，为防止叶片早衰，可进行叶面追肥。

（3）植株调整　秋冬茬黄瓜缓苗后应立即吊蔓，方法与冬春茬黄瓜相同。对于以主蔓结瓜为主的品种，应及时打掉侧枝。对侧枝分生能力强，结瓜性好的品种，可摘除 10 片叶以下侧枝，10 片叶以上的侧枝发生后很快出现雌花，在雌花前留 1～2 片叶摘心。秋冬茬黄瓜生育期短，不能像冬春茬黄瓜那样无限生长，植株达到 25 节时摘心，在温光条件适宜，肥水充足的情况下，可促进回头瓜发育。

5. 采收　根瓜尽量早采，以防坠秧。根瓜采收后，应严格掌握标准，在商品性最佳时采收。特别是结果前期，温度较高，光照充足，瓜条生长快，必须提高采收频率，甚至每天可采收 1次。以后随着外温的下降，光照减弱，瓜条生长缓慢，要相应降低采收频率，尤其是接近元旦春节，在不影响商品质量的前提下，尽量延迟采收。

（三）塑料大棚春早熟栽培技术要点

1. 定植时期　定植期由于各地区的气候条件、扣棚早晚、品种、覆盖物的层次数等条件的差异而不同。根据黄瓜的生物学特性，要求大棚内 10 厘米的地温稳定在 10 ℃以上，最低气温5 ℃以上。采用单层覆盖，一般东北北部及内蒙古地区，在 4 月上中旬定植；东北南部、华北及西北地区在 3 月中下旬定植；华东、华中地区在 3 月上中旬定植。采用双层覆盖，定植期可提早 6～7 天；多层覆盖可提早 15～20 天；有临时加温设施，定植期还可提前。

2. 整地定植　结合整地每亩施优质农家肥 5 000 千克，2/3 翻地前撒施，使土壤和肥料充分混匀。1/3 做畦后沟施，并增施三元复合肥 25 千克/亩。整地方式有两种。

（1）畦作　大棚水道在中间，水道两侧做成 1 米宽的畦，畦上覆膜。每畦栽单行者，在畦中央按株距 17 厘米栽苗，每亩保苗 3 900 株。或者隔畦栽双行，行距 45 厘米、株距 30 厘米，每亩保苗 3 500 株左右。空畦套种耐寒速生菜或为茄果类蔬菜早熟栽培育苗，以提高设施和土地利用率，增加前期产量和花色品种。

（2）垄作　按 60 厘米行距开沟施基肥后，南北向起大垄。垄上按 25 厘米株距定植，每亩栽苗 4 000 株。

按照不同的栽培方式整地后覆地膜。选择晴天上午定植，定植时按株距在地膜上开穴，定植深度以苗坨面与畦面相平为宜，浇定植水，水量不宜过多，以免降低土壤温度。

3. 定植后管理　定植后闭棚升温，促进缓苗。遇到寒潮可在棚内挂二层幕或在棚外围底脚草苫保温。白天温度超过 30 ℃放风，午后气温降到 25 ℃以下闭风，夜间保持 10～13 ℃。中后期外温较高，外温不低于 15 ℃时昼夜通风。

为了促进根系和瓜秧生长，12 节以下的侧枝尽早打掉。12 节以上的侧枝，叶腋有主蔓瓜的侧枝应打掉，叶腋无主蔓瓜的侧枝保留，结 1～2 条瓜，瓜前留 2 片叶摘心。植株长到 25～30 片叶时摘心，促进回头瓜、侧枝瓜生长。

春季外温回升快，黄瓜进入结果期后不但外温升高，光照也较充足，对黄瓜生育十分有利，应供给充足的肥水以夺取高产。采收初期，植株较矮，瓜数也少，通风量小，5～7 天浇 1 次水，水量应稍小些。此期因外界温度低，浇水应在上午 9 时以前完成，随即闭棚升温，温度超过 30 ℃放风排湿。进入结瓜盛期，植株蒸腾量较大，结瓜数多，通风量大，一般 3～4 天浇 1 次水，浇水量也应增加，并要隔 1 水追 1 次肥，复合肥与发酵饼肥交替使用。浇水应在傍晚进行，以降低夜温，加大昼夜温差。盛果期每 7～10 天喷 1 次浓度为 0.2％的磷酸二氢钾。

（四）黄瓜常见生理障害

1. 化瓜 即刚坐住的瓜纽和正在发育中的瓜条，生长停滞，由瓜尖至全瓜逐渐变黄、干枯。黄瓜化瓜的根本原因是小瓜在生长过程中没有得到足够的营养物质而停止发育。例如，植株营养生长过旺，养分就会大量向茎叶分配，造成瓜秧徒长而导致化瓜；黄瓜生长期地温过低，根系发育不良，吸收能力降低，瓜条营养供应不足也易化瓜；连续阴天，低温寡照，光合产物少易化瓜；下部的瓜不及时采收，造成果实间的养分争夺，会使上部的小瓜化掉；此外，花期喷药不当或有毒气体危害等原因，都会引起化瓜。防止化瓜的根本措施就是创造适宜黄瓜植株生长的环境，加强水肥管理，适时采收和疏花疏果，以减少小瓜同茎叶或其他果实间的养分竞争。

2. 花打顶 即黄瓜植株生长点不再向上生长，顶端出现雌雄花相间的花簇，不再有新叶和新梢长出，形成"自封顶"。黄瓜"花打顶"主要是夜温偏低，昼夜温差过大造成的。低夜温短日照使雌花形成过多，消耗大量营养物质，对营养生长产生抑制，出现"花打顶"现象。其次，地温偏低，土壤过干或过湿以及施肥过多引起烧根等原因造成黄瓜根系发育差，吸收能力弱，也易形成花打顶。防止"花打顶"首先应避免夜温过低，保证花芽分化阶段夜温不低于 13 ℃，同时加强水肥管理，及时中耕松土，促进根系发育。对已出现花打顶的植株，要及时采收商品瓜，并疏除一部分雌花。一般健壮植株每株留 1～2 个瓜，弱株上的瓜全部摘掉以抑制生殖生长，迫使养分向茎叶运输。

3. 畸形瓜 黄瓜的畸形瓜包括弯瓜、尖头瓜、大肚瓜、蜂腰瓜等非正常形状的果实。形成畸形瓜的主要原因包括两方面：一是授粉受精不良，导致果实发育不均衡；二是植株中营养物质供应不足，干物质积累少，养分分配不均。生产中可通过花期人工授粉、放蜂授粉，结果期加大水肥供应等措施来减轻畸形瓜的发生。

4. 苦味瓜 黄瓜设施栽培中，经常出现苦味瓜，苦味轻者食用略感发苦，重者会失去食用价值。尤其是根瓜更易出现苦味瓜，瓜条苦味的直接原因是苦瓜素在瓜条中积累过多。生产中如偏施氮肥，土壤干旱、地温低造成根系发育不良，设施内温度过高导致植株营养失调以及品种的遗传特性等因素都易形成苦味瓜。生产中上可通过选用不易产生苦瓜素的品种，配方施肥，及时灌溉，勤中耕，合理通风降温等措施来减少苦味瓜的发生。

第三节 西 瓜

西瓜是葫芦科西瓜属一年生蔓性草本植物，原产于非洲，我国各地普遍栽培。由于其果实味甜多汁，清凉爽口，是夏季消暑的佳品，除作水果食用外，还具有一定的药用价值。过去我国北方多作露地栽培，产品供应期仅限于夏季。近年来，随着设施蔬菜栽培技术的不断完善和人民生活水平的提高，利用保护地设施进行西瓜反季节栽培取得了较高的经济效益。

一、品种类型

西瓜分类尚无统一标准。根据栽培熟性可分为早熟、中熟和晚熟等品种。早熟种从开花到果实成熟需 26～30 天，中熟种需 30～35 天，晚熟种需 35 天以上。按照用途可分为食用类型和籽用类型。按有无种子，可分为无籽西瓜（三倍体）和有籽西瓜

（二倍体或四倍体）。根据种子大小，可分为大籽型和小籽型。

二、生物学特性

（一）形态特征

1. 根 深根性作物，在沙质土壤中直播的西瓜，主根可深达 1.0 米以上，侧根的水平分布半径达 1.5 米，但主要根群分布在地表 30 厘米土层内。植株根系强大，吸收能力强，较耐旱，但不耐涝，即使短时间涝害，根系活动也会受影响。和其他瓜类作物相同的是根系再生能力差，受伤后不易恢复，生产中要进行护根育苗。

2. 茎 茎蔓性，分枝能力强，主蔓各叶腋均能发生侧枝，称为子蔓，从子蔓上再发生的侧枝称为孙蔓。主蔓基部第三至五叶腋处形成的子蔓粗壮，可作结果蔓。茎蔓易产生不定根，有吸收水分、养分和固定瓜秧的作用。

3. 叶 叶片掌状深裂，叶面密生茸毛，并有一层蜡质，所以蒸腾量小。

4. 花 雌雄同株异花，花黄色，子房下位，雌花出现时可看见子房。西瓜属于半日花，上午开花授粉，下午闭合。每天开花时间受夜间气温支配，气温低开花晚，气温高开花早。一般上午 8～9 时柱头和花粉生理活动最旺盛，是人工授粉的最佳时期。

5. 果实和种子 果实为瓠果，果实的形状、皮色、大小，因品种而异。果实由果皮、果肉和种子组成，果肉即通常所说的瓜瓤，含水量较高，是主要的食用部分。如结瓜以后遇干旱，果实中的水分能倒流回茎叶以维持生命。种子扁平，种皮坚硬，种子的大小、色泽也因品种不同而异。

（二）生长发育周期

1. 发芽期 从种子萌动到子叶展平，第一片真叶显露（露真），适宜条件下需 8～12 天。这一时期主要是胚根、胚轴、子叶生长和真叶开始生长，主要依靠种子内贮存的营养。

2. 幼苗期　从"露真"到植株具有 5～6 片叶（团棵）为止，适宜条件下需 25～30 天。从外表看，植株生长量小，但内部的叶芽、花芽正在分化。

3. 伸蔓期　从"团棵"至结瓜部位的雌花开放，适宜条件下需 15～18 天。这一时期植株迅速生长，茎由直立转为匍匐生长，雌花、雄花不断分化、现蕾、开放。

4. 开花结果期　从留瓜节位雌花开放至果实成熟，适宜条件下需 30～40 天。单个果实的发育时期又可细分为以下三个阶段。

（1）坐果期　从留瓜节位雌花开放至"退毛"（果实鸡蛋大小，果面茸毛渐稀），需 4～5 天。此期是进行授粉受精的关键时刻。

（2）膨果期　从"退毛"到"定个"（果实大小不再增加）。此期果实迅速生长并已基本长成。瓜的体积和重量已达到收获时的 90% 以上。这一时期是整个生长发育过程中吸肥吸水量最大的时期，也是决定产量的关键时期。

（3）变瓤期　从"定个"到果实成熟，适宜条件下需 7～10 天。此期果实内部进行各种物质转化，蔗糖和果糖合成加强，果实糖度不断提高。

（三）对环境条件的要求

1. 温度　西瓜为喜温作物，生长发育适宜温度为 20～30 ℃。不同生育期对温度的要求各不相同，发芽期 25～30 ℃，幼苗期 22～25 ℃，伸蔓期 25～28 ℃，结果期 30～35 ℃。设施栽培，短时间内夜温降到 8 ℃、昼温升到 40 ℃时，植株仍能正常生长。开花坐果期，温度不得低于 18 ℃，否则延迟开花，花粉发芽率低，受精不良，易产生畸形瓜。果实膨大期和成熟期以 30 ℃最为理想。果实坐住以后，保持较大的昼夜温差，才能增加果实的含糖量，提高品质。根系生长最适温度为 28～32 ℃。

2. 光照　西瓜对光照要求严格，整个生育期都要求充足的光照。其光饱和点为 80 000 勒克斯，光补偿点为 40 000 勒克斯。光照充足，植株生长健壮，茎较粗，节间较短，叶片肥厚，叶色浓绿，抗病能力增强；阴天多雨、光照不足则植株易徒长，茎细弱，叶大而薄。苗期光照不足，下胚轴徒长，叶片色淡，根系细弱，定植后缓苗慢，易感病；坐果期光照不足，很难完成授粉受精作用，并易化瓜；果实成熟期光照不足，则会使采收期延后，果实含糖量低，品质下降。

3. 水分　西瓜较耐干旱。植株不同时期对水分的要求不同，幼苗期生长量小，对水分需要较少；伸蔓以后需要充足水分，为结果打好基础；果实膨大期需水分最多；进入成熟期，水分多则含糖量低，品质下降。西瓜开花期间，空气相对湿度以 50%～60% 为宜，湿度过大影响授粉受精。整个生育期间如果空气湿度过大，则很容易诱发各类病害。所以，设施栽培中调节土壤水分，控制空气湿度是成败的关键。

4. 土壤与营养　西瓜对土壤要求不严格，但以沙壤土最好，有利于根系发育。适宜土壤 pH 为 5.0～7.0，能耐轻度盐碱。西瓜需肥量较大，据测试，每生产 1 000 千克西瓜需吸收纯氮（N）4.6 千克、纯磷（P_2O_5）3.4 千克、纯钾（K_2O）4.0 千克。营养生长期吸氮多，钾次之；坐果期和果实生长期吸钾最多，氮次之，增施磷、钾肥可提高植株抗逆性和改善果实品质。

三、栽培季节和茬次安排

西瓜的栽培方式分露地栽培和设施栽培。露地栽培多春播夏收或夏播秋收，亚热带地区一年可栽培 2～3 季。近年来，利用日光温室、塑料大棚和小拱棚等设施进行西瓜早熟栽培发展势头迅猛，取得了较好的经济效益。由于秋末冬初市场对西瓜的需求量少，因此，设施秋延后栽培相对较少。

四、栽培技术

（一）日光温室早春茬栽培技术

日光温室西瓜以早春茬生产效果较好。这是因为西瓜对温、光要求严格，冬季生产成本大，产品销量小。另外，北方地区早春很少阴雨，光照充足，特别是 3～5 月环境条件对西瓜生育比较适宜，所以日光温室西瓜 2 月中下旬定植，4 月中下旬开始采收，既可获得高产优质，又有较好的市场销路。

1. 品种选择　设施栽培品种选择以优质为主，果实不宜过大，以 3～4 千克为宜，较优良的有京欣 1 号、京抗 1 号、京抗 2 号、京抗 3 号、抗病苏蜜、郑杂 5 号、郑杂 9 号等品种。此外，近几年袖珍型小西瓜的设施栽培面积越来越大，优良品种有红小玉、黄小玉、特小凤、小兰、黑美人、金福等。

2. 育苗　西瓜枯萎病的病原菌可在土壤中存活 8～10 年，一旦发病，很难用药剂防治。长期以来，露地栽培西瓜都采用 8 年轮作。设施栽培，靠轮作预防枯萎病是不现实的，最简单有效的方法是通过嫁接换根来防治。西瓜嫁接换根多用瓠瓜或葫芦作砧木，既能防治枯萎病，又不影响果实品质和风味，但葫芦砧耐低温性不如南瓜砧，可作西瓜嫁接砧木的南瓜品种有超丰 F1、仁武、勇士、新土佐等。

3. 整地施肥　嫁接换根的西瓜根系更为发达，定植前土壤应深翻 40 厘米，使根系充分生长，并按 1.5 米行距开深度、宽度均为 40 厘米的施肥沟，表层 20 厘米的土放在一侧，底层 20 厘米的土放在另一侧。每亩施优质农家肥 2 000 千克，鸡粪 500 千克，过磷酸钙 30 千克，分层施入沟中，第一层施完后再把沟底刨松，撒一层表土再施第二层肥，表土填完再分层填入底土，分层施肥时下层少施，上层多施。然后逐沟灌水造底墒，保证定植后水分充足，以减少浇水，避免空气湿度过大。过几天表土见干，按大行距 100 厘米、小行距 50 厘米起垄，垄上覆地膜。

4. 定植 西瓜定植要求 10 厘米土温稳定在 14 ℃以上，凌晨气温不低于 10 ℃，遇到寒流强降温，短时间最低气温也能保持 5 ℃以上才能定植。定植宜在晴天的上午进行，在垄台中央按 45～50 厘米株距，用打孔器或移植铲交错开定植穴。选大小一致的秧苗，脱下容器，放入穴中，埋一部分土，浇足定植水，水量以不溢出穴外为准。水渗下封堆，重新把地膜盖严，用湿土盖上切口。采用双蔓整枝方式，每亩栽苗 1 300～1 500 株；采用单蔓整枝方式，每亩可栽苗 1 800～2 000 株。

5. 定植后管理

（1）温光调节 缓苗期间，外界温度仍然很低，有时还会出现灾害性天气，应以保温为主，在高温高湿条件下促进缓苗。定植后密闭不放风，遇寒流天气，凌晨最低气温不能保持在 10 ℃以上时，可扣小拱棚保温。缓苗后开始从温室顶部放风，逐渐把温度降到 22～25 ℃，夜间保持在 15 ℃左右。当茎蔓开始伸长时，日温保持 25～30 ℃，夜温 15 ℃左右，茎蔓伸长一定程度，把日温降到 20～25 ℃，前半夜 15 ℃，后半夜 13 ℃左右，适当抑制茎叶生长，促进坐瓜，即所谓"蹲瓜"。进入结果期后，温度调控尤为重要。西瓜从开花到"褪毛"，果实处于细胞分裂增殖期，重量增加较少，温度控制在 25～30 ℃为宜。西瓜"褪毛"后，果实迅速膨大，重量急剧增加，进入膨瓜期，此期最适日温为 30～35 ℃，夜温为 15～20 ℃。果实"定个"以后进入变瓤期，此期应给予较大的昼夜温差，以促进糖分的积累。

西瓜要求较长的日照时间和较高的光照强度，一般品种每天都要求有 10～12 小时的光照时间。因此，温室早春茬西瓜光照调节的原则是采取各种措施进行增光补光。

（2）水肥管理 西瓜定植缓苗后就进入了抽蔓期，此期是西瓜坐果和果实发育的基础阶段，茎叶充分生长才能结出较大的果实。茎蔓开始迅速生长时，结合浇催蔓水，追一次催蔓肥，每亩追施尿素 10 千克。以后直至膨瓜前不再浇水，抑制营养生长，促进生殖生长，进行"蹲瓜"。幼瓜"褪毛"后，需浇催瓜水、追催瓜肥，一般每亩施发酵饼肥 30～40 千克或三元复合肥 15 千克，结合浇水施入，以后可根据植株长势和土壤墒情均匀供水。果实"定个"后，不再追肥浇水，管理上主要是保护叶片，延长功能叶寿命。此时根系吸收能力减弱，可进行叶面追肥。

（3）吊蔓整枝　西瓜植株"团棵"以后，不能直立生长，需及时吊绳引蔓。日光温室栽培西瓜采取双蔓整枝较为适宜，除主蔓外，在主蔓基部第三至五节选留一条健壮子蔓，其余子蔓全部摘除，这两条蔓上发生的侧蔓也要摘除。将两条蔓分别缠在两根吊绳上，使叶片受光均匀。也可以只保留主蔓进行单蔓整枝。单蔓整枝果实较小，但上市期早、价位较高的情况下，容易销售。对于果实较小的袖珍礼品西瓜，应采用多蔓多果方式栽培，一般保留主蔓和 3～4 条子蔓，留果时摘除主蔓上第一雌花，其余均可保留。

（4）人工授粉　西瓜无单性结实能力，必须授粉后才能结瓜。设施内很少有昆虫活动，因此要取得丰产必须进行人工授粉。西瓜的第一雌花结果小，并容易出现畸形果，人工辅助授粉宜选用主蔓第二至三朵和侧蔓第一至二朵雌花进行，以便于结瓜后有选择地留瓜。授粉后在果柄处挂上吊牌或不同颜色的毛线，在吊牌上记录授粉时间作为标记。

（5）留瓜和吊瓜　西瓜进行人工授粉后，在环境条件适宜的情况下，主蔓和侧蔓都能结瓜。双蔓整枝只留一个瓜。当已坐住的两个瓜长到鸡蛋大小时，选留果形端正的一个瓜。留瓜的蔓在瓜前 5～7 片叶处摘心，不留瓜的蔓作为营养蔓，营养蔓始终不摘心，以制造充足的光合产物供果实生长发育。选留的瓜由于养分集中，生长较快，随着重量的增加，茎蔓不能承担其重量，需要及时吊瓜。小果型西瓜则每株留 4～5 个瓜，坐果节以下侧蔓应尽早摘除。

6. 成熟度的鉴别与采收

（1）成熟度鉴别　西瓜采收应在果实含糖量最高时进行，掌握最佳采收时期的关键是能鉴别果实成熟度。从外部特征来看，成熟的果实，果皮坚硬光滑，脐部和果蒂部位略有收缩，果柄刚毛稀疏不显，果柄附近的几条卷须已经枯萎。另外，根据授粉时标记的日期，计算授粉天数也可以鉴别果实的成熟度。早熟品种一般开花后 30 天左右成熟，可先摘几个品尝，达到成熟度即可把同期授粉的瓜一次采收。

（2）采收　西瓜采收要根据销售和运输情况来决定采收成熟度。当地销售，采收当天便可投放市场，必须达到完全成熟，品质好；销往外地的西瓜，经长途运输，短期存放，需在八九成熟时采收。采收西瓜要带果柄剪下，既可延长存放时间又可通过果柄鉴别新鲜度。当地销售的西瓜上如带一段瓜蔓和叶片，更能显得新鲜美观。采收最好在早晚进行，采收和搬运过程中应轻拿轻放，防止破裂与损伤。

（二）春早熟双膜覆盖西瓜栽培技术

西瓜双膜覆盖是指采用地膜加小拱棚双层覆盖，它综合了地膜覆盖与小拱棚的优点，具有投资少、效益高等特点，是目前各地普遍采用的一种早熟栽培方式。

1. 整地定植　选择背风向阳，地势高燥，排灌方便，土层深厚、疏松的沙壤土地块，并要保证 8 年内该地块未种植过西瓜。上一年秋季深翻晒垡，熟化土壤。冬春季施入基肥，每亩农家肥 5 000 千克、过磷酸钙 30 千克、三元复合肥 25 千克。农家肥一半撒施，一半按 2.5 米行距沟施，化肥可与土壤混拌后施于施肥沟上层。然后在沟上做成顶宽 1.0 米、高 15 厘米的小高畦，畦上覆地膜。两个栽培畦中间做成宽 1.5 米的坐瓜畦。当外界温度稳定在 10 ℃以上时开始定植。为节约保温材料，一般采用双行定植方式，在栽培畦上按 50 厘米株行距开穴定植，边定植边扣小拱棚，小拱棚跨度 80 厘米、高 60 厘米左右。

2. 定植后管理

（1）温度管理　定植后 5 天内不通风，提高土温和气温，促进缓苗。缓苗后随天气变化管理棚温，使棚内最高温度不超过40 ℃，最低不低于 12 ℃。温度可通过通风调节，通风口由小到大，切勿猛揭通风，防止闪苗。遇寒流时，应及早盖严棚膜，或加盖草苫纸被。日平均气温超过 18 ℃时可昼夜通风。5 月中下旬，当外界最低温度超过 12 ℃，瓜蔓上有 15～17 片叶，西瓜开花前 7 天左右可撤除小拱棚。

（2）水肥管理　果实膨大期间追施膨瓜肥，每亩施三元复合肥 15 千克、硫酸钾 10 千克，或追施饼肥 75 千克。变瓤期每周 1 次叶面追施 0.2％的磷酸二氢钾。

（3）整枝压蔓　双膜覆盖栽培主要采取双蔓整枝，即保留主蔓和基部一条健壮侧蔓，其余侧蔓及时去掉。撤棚后，将瓜蔓引入坐瓜畦，两行西瓜向相反方向爬蔓。两蔓间隔 20 厘米，同时进行压蔓。在蔓长 60 厘米时进行第一次压蔓，此后每 5 节压 1 次，共压 3～4 次。压蔓可分为明压和暗压两种形式。明压是指用土块、枝条将瓜蔓压在地面上，土壤黏重，湿度较大，植株长势弱的情况下可采用明压；暗压是将瓜蔓分段间隔埋入土中，仅使叶柄或叶片露出地面，对植株长势强，干旱、沙质土壤宜采用暗压。留瓜节位前后不要压得太紧、太实，而且距留瓜节远一点压，以防止因果实的生长而拉断茎蔓。

（4）留瓜与整瓜　第二、三朵雌花开放时授粉，坐瓜后花前留 3～5 片叶摘心。开花坐果期若遇阴雨天，需给雌花和雄花套纸袋，天晴后取下纸袋授粉，并做标记。为促进坐瓜，对生长势较强的植株，当果实长到鸡蛋大小时，将坐瓜节后 4～5 叶处的茎蔓重压；对徒长株可在离生长点 3～5 节处将蔓捏扁，使养分向瓜内运输。果实膨大期进行"垫瓜"和"翻瓜"。夏季高温强光时还需给果实遮阴，防止日灼。

3. 二茬瓜生产技术

（1）剪蔓净园　7 月上中旬，第一茬瓜全部采收后进行剪蔓，越早越好。主、侧蔓基部留 10 厘米左右老蔓，其余全部剪掉。将剪下的老蔓连同地膜杂草一并清除出园外。

（2）中耕追肥　剪蔓净园后及时中耕松土，每亩施尿素 10 千克、三元复合肥 15 千克，促新蔓早发。幼瓜坐住后追施膨瓜肥，每亩施磷酸二铵 15 千克、硫酸钾 10 千克，叶面喷施 0.2% 的磷酸二氢钾 2 次，补充根系吸收的不足，防止叶片过早衰老。

（3）浇水排水　第二茬西瓜生育期短（60 天左右），正值高温多雨季节，做好水分管理工作十分重要，雌花开放前后和膨瓜期，选择早晨或傍晚浇水；大雨后须立即排除积水，以利根系旺盛生长。

（4）整枝压蔓　选留 2~3 条蔓，压蔓时使蔓在田间分布均匀，努力使其发育一致，并容易坐瓜。

（5）选瓜留瓜　选留第二至三朵雌花进行人工授粉，待幼瓜坐住后选留一个果形端正、发育好的幼瓜，另一个及时摘除，以保证养分的集中供应。

（三）无籽西瓜栽培技术要点

无籽西瓜是由普通的二倍体西瓜与人工加倍的四倍体西瓜杂交育成的三倍体西瓜，三倍体西瓜由于种子不育，因而能形成无籽西瓜。无籽西瓜与普通西瓜栽培技术略有不同，栽培时应注意以下几点。

1. 适期晚播，破壳催芽　无籽西瓜生长发育要求的温度比普通西瓜高，因此，栽培时应比普通西瓜晚播种 10 天左右。无籽西瓜种皮厚，种胚发育不良，发芽困难，人工破壳能提高发芽率。种子浸泡 8~10 小时后，嗑开 1/3 种皮，然后置于 33~35 ℃温度条件下催芽。

2. 施足基肥，重施追肥　与普通西瓜比，无籽西瓜具有多倍体和杂交种的双重优势，增产潜力巨大。因此需增施肥料，基肥比普通西瓜增施约 1/4，追肥增施 1/3 左右。

3. 配植授粉株　无籽西瓜每株虽有多朵雌花开放，但与本品种自交高度败育，故必须接受普通西瓜的花粉方能坐果。因此，栽培无籽西瓜必须间种一定数量的普通西瓜作授粉株。一般3～4行无籽西瓜间种1行普通西瓜，授粉西瓜果实外形及果皮颜色应与无籽西瓜有明显区别，以便收获时区分。同时，授粉品种与无籽西瓜的花期必须相遇。

4. 适当稀植与整蔓 无籽西瓜茎蔓生长旺盛，栽植株行距应适当大一些，一般行距2米、株距60厘米，每亩栽400株左右（包括授粉株）。采取三蔓整枝，争取一株多果。

5. 高节位留瓜，接力坐瓜 无籽西瓜植株抽蔓后生长旺盛。因此，高肥水条件下，为防止植株疯长，可采用接力式坐瓜。即第一雌花授粉坐瓜，待第二雌花坐住后，摘除第一个瓜，第三个瓜坐住后摘第二个。一般第三至四个雌花坐的瓜个大、味甜、瓜形好、汁液足，可作为商品瓜。

6. 适当早收 晚收易空心倒瓤，果肉绵软口感差，汁液减少，品质下降。

第四节 甜 瓜

甜瓜是葫芦科甜瓜属一年生蔓性植物，其果实营养丰富，口味甜美，气味芳香，以鲜食为主，也可制成瓜干、瓜脯等加工品，深受人们喜爱。近年来，外观优美、品质优良的甜瓜，一直作为高档水果出售，成为人们节假日馈赠亲友的佳品。

一、品种类型

根据生态学特性，可将甜瓜分为厚皮甜瓜和薄皮甜瓜两大生态型。

（一）厚皮甜瓜

厚皮甜瓜起源于非洲、中亚（包括我国新疆）等大陆性气候地区，生长发育要求温暖干燥、昼夜温差大、日照充足等条件，因此多在我国西北的新疆、甘肃等地种植，在华北、东北及南方均不能露地栽培。厚皮甜瓜生育期长，植株长势强，抗逆性差，果实大，瓜皮厚，肉也厚，产量较高，一般单瓜重 1～3 千克，最大可达 10 千克以上。果实肉质绵软，香气浓郁，可溶性固形物含量达 10%～15%，有些品种甚至可达 20% 以上。果皮较韧，耐贮运。厚皮甜瓜根据果皮有无网纹，还可分为网纹品种和光皮品种。

(二)薄皮甜瓜

薄皮甜瓜起源于印度和我国西南部地区，又称香瓜。喜温暖湿润气候，较耐湿抗病，适应性强。在我国，除无霜期短、海拔 3 000 米以上的高寒地区外，南北各地均有广泛种植。东北、华北地区是薄皮甜瓜的主要产区。薄皮甜瓜植株长势较弱，叶色较深，抗逆性强。果实较小，一般单瓜重 0.3～1.0 千克，果实形状、果皮颜色因品种而异，其可溶性固形物含量一般在 8%～12%，果肉或脆而多汁，或面而少汁。瓜皮较薄，可连皮带瓤食用，不耐贮运，适宜就地生产，就近销售。

二、生物学特性

(一)形态特征

1. 根 厚皮甜瓜根系较薄皮甜瓜强大，主根入土可达 1.5 米，侧根扩展半径可达 2.0 米，根的吸收能力强，能充分利用土壤深层的水分，因此较耐干旱、贫瘠。薄皮甜瓜则主根较浅，一般深 50～60 厘米，主要根群呈水平生长。甜瓜的根系好气性强，要求土质疏松、通气性良好的土壤条件，故大部分根群多分布于 30 厘米的耕作层中。甜瓜根系木栓化程度高，再生能力弱，损伤后不易恢复，栽培中应采用护根育苗。

2. 茎 茎的分枝能力极强，主蔓的各个叶腋均能抽生子蔓，子蔓上发生孙蔓，孙蔓上还能再生侧蔓，只要条件适宜可无限生长。在自然生长状态下，甜瓜主蔓生长势较弱，长度不过 1.0 米，侧蔓生长十分旺盛，长度往往超过主蔓。

3. 叶　叶片圆形、肾形或心脏形，正反面均被茸毛，叶缘不分裂或浅裂。叶腋处着生腋芽、花器及卷须。厚皮甜瓜叶片较大，叶柄较长，叶色浅绿且平展；薄皮甜瓜叶片较小，叶柄短，叶色深绿，叶片不太平展。

4. 花　甜瓜的花着生在叶腋处，雌雄异花同株。雌花单生，雄花 3～5 朵簇生，雌花多为两性花，又称结实花，雌雄花均具蜜腺，属虫媒花，自花授粉和异花授粉都能结实。主蔓雌花出现较迟，子蔓、孙蔓雌花出现较早，通常在 1～2 节出现雌花。主蔓雌花比例仅为 0.2%，子蔓达 11%，而孙蔓则高达 40%～63%，故甜瓜多以子蔓或孙蔓结瓜为主。

5. 果实　幼果圆形或椭圆形，一般为绿色，成熟后果皮呈现黄、白、橘红、绿色等。成熟果实的形状因品种而异，有圆球、扁圆、椭圆、长卵圆和纺锤等形状，果面特征有光皮、网纹、条沟、具纵棱等区别。果肉颜色有白、绿、橘红、黄等色，肉质有绵、软、脆之分。甜瓜果实成熟时，一般具有不同程度的芳香味。厚皮甜瓜的食用部分为中果皮和内果皮发育而成的果肉，胎座部分为空腔，以肉厚、腔小的品种为佳；薄皮甜瓜的食用部分为整个果皮和胎座，果肉较薄，腔室较大。

6. 种子　甜瓜种子扁平，椭圆形或长椭圆形，黄白色。厚皮甜瓜种子较大，千粒重 30～80 克；薄皮甜瓜种子小，千粒重 5～20 克。

（二）生长发育周期

厚皮甜瓜整个生育期 110～120 天，薄皮甜瓜整个生育期 80～100 天。整个生育期可分划为发芽期、幼苗期、伸蔓期和结果期四个时期。其划分界限和各期生长发育特性与西瓜相似。

（三）对环境条件的要求

1. 温度　甜瓜是喜温作物，种子萌发适温为 30～35 ℃，低于 15 ℃种子不发芽。幼苗生长适宜温度为白天 25～30 ℃，夜间 18～20 ℃，较低的夜温有利于花芽分化，降低雌花的节位。茎叶生长的适宜温度为白天 25～30 ℃，夜间 16～18 ℃，当气温下降至 13 ℃时生长停滞，10 ℃时完全停止生长，7.4 ℃以下时便会发生冷害。开花期最适温度为 25 ℃，果实发育期间适宜温度为白天 28～30 ℃，夜间 15～18 ℃，保持 10 ℃以上的昼夜温差，有利于果实的发育和糖分的积累。适宜地温为 22～25 ℃。甜瓜对高温的适应性强，特别是厚皮甜瓜，在 35 ℃条件下生育正常，40 ℃仍保持较高的光合作用。但对低温较为敏感，在日温 18 ℃、夜温 13 ℃以下植株生育缓慢。厚皮甜瓜的耐热性较薄皮甜瓜强，而薄皮甜瓜的耐寒性则较厚皮甜瓜强。薄皮甜瓜生长的适温范围较宽，而厚皮甜瓜生长适温范围较窄。

2. 光照　甜瓜为喜强光作物，生育期间要求充足的光照，在弱光下生长发育不良。植株正常生长通常要求 10～12 小时的日照时数。植株进行光合作用的光饱和点为 55 000～60 000 勒克斯，光补偿点为 4 000 勒克斯。坐果期如果光照不足，则影响干物质积累和果实生长，使果实含糖量下降，品质变差。尤其是厚皮甜瓜对光照度要求严格，而薄皮甜瓜则对光照度的适应范围相对较广。

3. 水分　甜瓜根系相对较浅，但叶片蒸腾量大，故需水量较大。甜瓜的根系不耐涝，淹水后则根系受损，甚至发生植株死亡。所以应选择地势高燥的田块种植甜瓜，并加强排灌管理。甜瓜要求空气干燥，适宜的空气相对湿度为 50%～60%，空气潮湿则长势弱，影响坐果，容易发生病害。厚皮甜瓜对空气湿度要求严格，薄皮甜瓜耐湿性较强。设施栽培中，空气湿度大是甜瓜生长发育的主要障碍因子。

4. 土壤与营养　甜瓜对土壤条件的适应性较广，各种土质都可栽培。最适宜甜瓜根系生长的土壤，为土层深厚、排水良好、肥沃疏松的壤土或沙壤土。甜瓜耐盐碱性强，pH 7.0～8.0 条件下能正常生育。在轻度盐碱土壤上种甜瓜，可增加果实的含糖量，改进品质。甜瓜需肥量较大，每生产 1 000 千克产品需纯氮（N）2.5～3.5 千克、纯磷（P_2O_5）1.3～1.7 千克、纯钾（K_2O）4.4～6.8 千克。

三、栽培季节和茬次安排

厚皮甜瓜在我国西部露地栽培较多，而薄皮甜瓜在我国东北和东部地区露地栽培广泛。主要栽培季节为春夏两季，一般露地终霜后定植，夏季收获。近年来，利用保护地设施进行厚皮甜瓜东移栽培取得成功，扩大了种植地区，延长了产品供应期，填补了东部地区厚皮甜瓜生产的空白。此外，利用温室大棚、小拱棚、地膜等设施进行薄皮甜瓜的早熟栽培也获得了较高的经济效益。

四、栽培技术

（一）日光温室冬春茬厚皮甜瓜栽培技术

1. 品种选择 日光温室冬春茬甜瓜一般在 11～12 月播种，翌年 1～2 月定植，收获期为 3 月下旬至 5 月上旬。应选用耐低温弱光、生育快、早熟、株型紧凑的品种。目前生产上应用较多的有伊丽莎白、状元、银岭、天蜜、银翠、天女、西博洛托、玉金香等品种。

2. 育苗 冬春茬甜瓜苗期正值低温弱光季节，可在温室内利用电热温床和小拱棚等设施育苗。目前甜瓜生产中一般采用自根苗，利用塑料营养钵或穴盘护根育苗，苗龄 30～40 天，幼苗具 3 片真叶时定植。为提高植株的抗寒能力和克服连作障碍，也可采用嫁接育苗，但甜瓜嫁接易发生不亲和现象，故对砧木要求严格。目前普通甜瓜嫁接一般以日本南瓜"白菊座""金刚"或西葫芦"锦甘露"等为砧木，网纹甜瓜嫁接根据栽培季节和环境选用杂种南瓜（如"新土佐""早生新土佐""超级新土佐"等土佐系列）或甜瓜共砧。

3. 定植前的准备 定植前 15 天清除温室内前茬作物的病残

体和杂草，对温室空间和土壤进行彻底消毒，减少病源、虫源。将土壤深翻两遍，每亩施入优质农家肥5 000千克、过磷酸钙50千克、硫酸钾20千克作基肥。结合施基肥，每亩施入镁肥3～5千克、硼锌等微肥2～3千克，可改善果实品质，预防缺素症。温室内栽培甜瓜可按1.3米行距开深沟施肥，然后按大行距80厘米、小行距50厘米起垄覆膜，具体方法可参照日光温室早春茬西瓜栽培技术。

4. 定植 定植株距为50厘米，在垄台上交错开定植穴，摆苗，穴内浇足定植水，尽量保持苗坨不散，待水渗下后封埯。每亩保苗1 800～2 000株。定植后将垄台用小木板刮平，并覆好地膜。

5. 定植后的管理

（1）温光调节 甜瓜喜温喜光，冬春茬栽培正处于温室内温度最低、光照最弱的时期，所以在管理过程中，应以保温、增光为重点。定植初期日温保持在26～30 ℃，前半夜温度保持在18～20 ℃，早晨揭苫时温度不低于10 ℃，地温应稳定在15 ℃以上。可通过定植后加设小拱棚、小拱棚夜间覆盖纸被等措施来提高植株周围的温湿度。缓苗后适当降温蹲苗，日温保持在25～28 ℃，夜温保持在15～18 ℃，防止夜温过高引起幼苗徒长。缓苗后可在栽培畦后部张挂反光幕，提高后部的光照度，加大后部的昼夜温差。结果期甜瓜对温度和光照的要求极为严格，既需要较高的温度和较大的昼夜温差，又要求较强的光照度。开花坐果期的最适温度为25 ℃，高于35 ℃和低于15 ℃都影响甜瓜的坐果率。此时正值初春季节，如遇低温寡照天气，要设法临时加温、补光，保证甜瓜坐果的适宜温光条件。果实膨大期白天温度要保持在27～35 ℃，不超过35 ℃不放风，前半夜温度16～20 ℃，早晨揭苫前温度要在12 ℃左右，地温最好保持20 ℃以上。草苫要早揭晚盖，每天清洁棚膜，争取多透入阳光。需要指出的是，网纹甜瓜与无网纹甜瓜相比，生长发育所要求的温度高，管理时可采取适宜温度上限。

（2）水肥管理　缓苗时如发现土壤水分不足，可浇1次缓苗水，水量不宜过大。缓苗后根系的吸肥、吸水能力增强，因此，植株开始生长时浇1次伸蔓水，每亩随水施入磷酸二铵10千克、尿素5千克及硫酸钾5千克，以促进植株迅速生长。开花坐果期应避免浇水，使雌花充实饱满。膨瓜期是水肥管理的关键时期，可每10天浇1次小水，整个结瓜期共浇2～4次，结合浇膨瓜水，每亩随水冲施磷酸二铵30千克、硫酸钾15千克、硫酸镁5千克。果实接近成熟时（采收前10天），要节制水分，保持适当的干燥，以利于糖分的积累。此时如果土壤含水分过高，则糖分降低，成熟期延后，果实易裂。生产过程中每15～20天喷1次叶面肥。值得注意的是甜瓜为忌氯作物，因此，禁止使用氯化钾、氯化铵等含氯离子的化肥。

（3）植株调整　日光温室厚皮甜瓜多采用立体栽培。定植缓苗后需及时吊蔓引蔓。甜瓜整枝方式很多，应结合品种特点、栽培方法、土壤肥力、留瓜多少而定。立体栽培常用单蔓整枝和双蔓整枝。单蔓整枝当主蔓长至25～30节摘心，基部子蔓长到4～5厘米摘除，在主蔓11～15节上留2条健壮子蔓作结果蔓，结果蔓在雌花前留2片叶摘心。如留二茬瓜，则可在主蔓的22～25节再选留2～3条子蔓在5叶时摘心，作为二茬果结果蔓，两茬结果蔓之间的子蔓全部摘除。结果蔓上的腋芽（孙蔓）也应摘除。

双蔓整枝在幼苗3～4片叶摘心，当子蔓长到15厘米左右，选留两条健壮子蔓，分别引向两根吊绳，其余子蔓全部摘除。之后在每条子蔓中部10～13节处选留2条孙蔓作结果蔓，每条结果蔓于雌花开放前在花前留2片叶摘心。最后，每个子蔓留一个瓜，子蔓20～25节左右摘心，每株保留功能叶片25片左右。

（4）人工授粉　甜瓜的雌花为两性花，能自交结实。最佳授粉时间一般在上午8～10时之间，适宜温度是20～25℃。授粉时只要用干燥毛笔在雌花花器内轻轻搅动几下即可。也可在开花当日早晨采集刚刚开放的雄花，用雄蕊涂抹结实花柱头。授粉后挂上吊牌记录授粉时间，以便计算果实成熟期。甜瓜的授粉期如果遇上连续阴天，或前半夜夜温低于 15 ℃，常常会造成授粉受精不良，子房因生长素缺乏而停止生长发育，并易出现化瓜现象。在低温情况下可用 40 毫克/升的坐果灵对雌花和瓜胎进行喷雾处理，处理适宜温度应保持在 22～25 ℃。

（5）留瓜与吊瓜　甜瓜冬春茬栽培每株可留 1～2 层瓜。一般小果型品种每层可留 2 个瓜，而大果型品种每层只留 1 个瓜。生产上多选留子蔓 2 节以后雌花或孙蔓上的雌花留瓜。为防止因授粉受精不良出现的畸形瓜和化瓜现象，以及人为控制花期茎蔓徒长，一般多留出 1～2 个雌花，授粉后任其膨大，之后再统一选留。为减轻茎蔓负荷，当幼瓜长至 200 克左右开始吊瓜。用撕裂膜或小铁钩吊住果柄靠近果实部位，将瓜吊到架杆或温室骨架上，吊瓜的高度应尽量一致，以便于管理。

6. 成熟度鉴别和采收包装

（1）成熟度鉴别　成熟的甜瓜应呈现出本品种特有的色泽，散发出浓郁的香味。瓜皮比较硬，指甲不易陷入，脐部较软，用手捏有弹性。此外，结瓜蔓上的叶片因缺镁而焦枯，也是果实成熟的重要标志。根据授粉日期也可判定成熟度，一般早熟品种从授粉到成熟需 35～45 天，晚熟品种需 45～55 天。甜瓜不同品种的果实成熟天数可参照品种说明书，具体应用时，还要考虑果实成熟期的环境温度状况。阳光充足，温度高时可提前 2～3 天成熟，阴雨低温则会导致果实成熟延迟。

（2）采收包装　甜瓜采收时要根据不同的销售方式来确定采收期，就地销售时，应在完全成熟时收获；远途贩运，可在果实八九分成熟时采收。采收应在果实温度较低的早晨和傍晚进行，采收后将甜瓜置于阴凉处，避免重叠，待果实田间热下降后再包装装箱。厚皮甜瓜采收时将果柄剪成"T"字形，然后用软布将果面擦拭干净，在果面上统一贴上商标，套上泡沫网套，装入带通气孔的纸箱内。

（二）塑料大棚薄皮甜瓜春早熟栽培技术要点

塑料大棚栽培薄皮甜瓜较露地栽培提早 1 个月左右上市，社会效益和经济效益均十分显著。

1. 品种选择　大棚春早熟栽培宜选择早熟、高产、抗病、耐低温、耐弱光的品种，优良品种有齐甜 1 号、齐甜脆、红城 5 号、红城脆、美浓等。

2. 育苗　目前薄皮甜瓜生产中多采用自根苗。可于大棚安全定植期前 40 天在温室内播种育苗。幼苗三叶一心时定植。

3. 定植前的准备　为提高地温，可在定植前一周扣棚增温暖地，并进行深翻、整地、施基肥。如果土壤墒情不好，可在此时灌一次提墒水，水浇足即可，不可大水漫灌，否则地温会很长时间内上不来，不利于定植后缓苗。在上一年深翻的基础上再深翻 30 厘米，结合整地每亩施腐熟优质农家肥 5 000 千克，2/3 翻地前撒施，使土壤和肥料充分混匀，其余 1/3 沟施，同时每亩增施三元复合肥 15 千克、硫酸钾 10 千克。

在大棚中间南北向留 1 米宽的水道兼作业通道，两边对称做 4.0～4.5 米长的高垄。直立栽培按大行距 80 厘米、小行距 50 厘米起垄，爬地栽培按大行距 2.0 米、小行距 50 厘米起垄。垄做好后盖好地膜。

4. 定植　大棚春茬甜瓜的定植期在 3 月中旬至 4 月下旬为宜。定植时，可在垄上开穴栽苗。定植株距 50～60 厘米，直立栽培的每亩可栽苗 1 800～2 200 株，爬地栽培的每亩可栽苗 800～1 000 株。定植后可加设中小拱棚进行增温保湿。

5. 定植后管理

（1）温度管理　定植后管理重点是提温促缓苗。为保证夜温，可在大棚的底脚四周围一圈草苫。缓苗后，小拱棚昼揭夜盖。随着外界温度升高，可撤掉小拱棚，并适当放风降温。4～5

月正值甜瓜开花坐果期,大棚内上午温度保持在 25～28 ℃,不要超过 35 ℃,下午棚内 18～20 ℃时闭风,前半夜夜温控制在 15～17 ℃。管理上注意加大昼夜温差,严防徒长。当夜间最低气温稳定在 13 ℃以上时,可昼夜通风。

(2)水肥管理 缓苗后,浇足缓苗水。底肥充足,土壤墒情适宜时,直到坐瓜前不必追肥灌水,适当蹲苗,促进瓜秧根系下扎。瓜坐稳后,结合浇膨瓜水追 1 次膨瓜肥,每亩冲施磷酸二铵 15 千克、硫酸钾 10 千克。果实膨大期,一般浇 2～3 次水,每次水都要灌足。甜瓜定个后,停止灌水,促进果实成熟。如果采收期不集中,头茬瓜采收后,二茬瓜坐瓜时再结合灌水再冲施 1 次追肥。甜瓜是喜钾作物,每次追肥时要增加钾肥用量。

(3)植株调整 薄皮甜瓜除少数品种主蔓可结瓜外,大部分都以子蔓或孙蔓结瓜为主。直立栽培多采用双蔓整枝,主蔓 4 叶时摘心,选留两条健壮子蔓,用尼龙绳吊于大棚顶部。每条子蔓选留 3 个瓜或在子蔓的 6～8 节处的留 3 条孙蔓作结果蔓,结果蔓在雌花前留 2 片叶摘心,其余孙蔓及早摘除。经人工授粉坐住瓜后,选留 4～5 个。爬地栽培可采用四蔓整枝,幼苗 5～6 片叶时摘心,选留 4 条健壮子蔓,分别拉向不同的方向。每蔓留 1 个瓜,每株留 4 个瓜。也可在幼苗两叶一心时用竹签拨掉主蔓的生长点,留 2 条子蔓在 5～6 片叶时摘心,待孙蔓长出后,保留子蔓梢部的 2～3 条孙蔓,每株有孙蔓 4～6 条,每条结 1 个瓜,共结 4～6 个瓜。瓜坐住后 20 天左右可在瓜下垫草,以保持瓜面整洁,减少烂瓜,同时选择晴天翻瓜,使瓜着色均匀,成熟快。

第五节 苦 瓜

苦瓜别名癞瓜、凉瓜、锦荔枝等,是葫芦科苦瓜属一年生蔓性草本植物。原产于热带地区,我国自明代开始种植,是我国南方的常见蔬菜。以嫩果供食，可凉拌、炒食或做汤。北方地区以前栽培的苦瓜多为小型苦瓜，且不是以果肉为食，而是食用老熟果内的红色瓜瓤。近几年随着经济的发展和人民生活水平的不断提高，苦瓜在北方地区的栽培面积逐渐扩大，并且消费市场也已从高档宾馆、餐厅转移到普通百姓家。

一、品种类型

根据瓜皮的颜色，可将苦瓜分为绿苦瓜和白苦瓜两种类型。

（一）绿苦瓜

果实浓绿色或绿色，苦味较重，长江以南栽培较多。绿苦瓜维生素 C 含量高，抗逆性较强，品种较多。例如，果实呈纺锤形的品种有广东槟城苦瓜、广西西津苦瓜、福建莆田苦瓜、上海青皮苦瓜等；果实呈短圆锥形的品种有大顶苦瓜、小苦瓜等；果实呈长圆锥形的有江门苦瓜、海参苦瓜等。

（二）白苦瓜

果实浅绿或白色，苦味稍淡，主要分布在长江以北。如蓝山大白苦瓜、长白苦瓜等。

二、生物学特性

（一）形态特征

苦瓜根系发达，侧根多，分布范围广，根群分布直径可达1.0米，深0.5米左右。茎较细，5棱，蔓性，被茸毛，主蔓各节腋芽活动力强，易发生子蔓，子蔓又发生孙蔓，孙蔓上再发生侧蔓，形成枝繁叶茂的强大植株。各节都着生腋芽、花芽和卷须。初生叶盾形，对生。真叶互生，掌状深裂，表面光滑无毛。花单生，黄色，雌雄同株异花。雌花子房下位，花柄较长，花柄中部着生盾形苞叶。第一雌花节位因品种而异，一般在主蔓8～14节发生，侧蔓1～2节发生，以后每隔3～6节再生雌花。果实为浆果，形状有纺锤形、圆锥形、圆筒形等，果面有瘤状突起和纵棱，嫩果绿、浅绿或白色，老熟后橙红色，易开裂，果瓤红色有甜味。种子稍厚，盾形，黄褐色，有花纹，每果含种子20～30粒，种子千粒重150～180克。

（二）生长发育周期

苦瓜整个生育期150～180天，可分为发芽期、幼苗期、抽蔓期和开花结果期四个时期。

1. 发芽期 自种子萌动至第一对真叶展开，需10～15天。

2. 幼苗期 第一对真叶到第五片真叶展开，开始抽出卷须，15～20天，这时腋芽已开始萌动。

3. 抽蔓期 植株现蕾为抽蔓期结束。抽蔓期较短，如环境条件适宜，在幼苗期结束前后现蕾，便没有抽蔓期。

4. 开花结果期 植株现蕾至生产结束，一般90～100天。苦瓜在其生长发育过程中，茎蔓不断生长，抽蔓期以前生长较缓慢，占整个茎蔓生长量的0.5%～1%，绝大部分茎蔓在开花结果期形成。

（三）对环境条件的要求

苦瓜喜温，较耐热，不耐寒。种子发芽适温30～35℃，20℃以下发芽缓慢，低于15℃则发芽困难。植株生长适温20～30℃，以25℃为最佳。15～25℃范围内，温度越高，越有利于苦瓜的生育，结果早，产量也高。高于35℃或低于15℃对生长发育不利，但能忍受40℃的高温。苦瓜属短日照植物，但对光照长短要求不严格，早熟栽培，苗期给以短日处理，可提早出现雌花。喜光不耐阴，苗期光照不足会降低对低温的抵抗力，苗期若遇低温阴雨天气则幼苗容易受害。充足的光照有利于光合作用和提高坐果率，花期光照不足，易造成落花落果。苦瓜喜湿但不耐涝，空气相对湿度和土壤湿度均为85%时对生长有利。土壤积水易烂根，叶片黄化枯萎，轻则影响结瓜，重则全株枯死。苦瓜对土壤适应性强，但以保水保肥性好的肥沃壤土或沙壤土为宜。

三、栽培季节与茬次安排

苦瓜多采用露地栽培，栽培季节依不同地区气候而定。华南、西南地区，春、夏、秋均可播种，除冬季外，可周年供应。北方地区，早春及秋末气候较为冷凉，一般 3 月末至 4 月初在设施内育苗，终霜后定植于露地，6～9 月收获。有条件的可进行设施栽培，温室育苗提早至 2 月下旬育苗，3 月下旬或 4 月上旬在大棚温室内定植，利用地膜覆盖和小拱棚，可提早至 5 月上市。近年来，山东等地利用节能日光温室进行苦瓜越冬栽培已获得成功，产品远销各大中城市，供不应求，取得了较高的经济效益。

四、日光温室冬春茬栽培技术

（一）品种选择

日光温室冬春茬苦瓜的播种至坐果初期处于低温弱光季节，因此，在品种选择上宜选用前期耐低温性较强的早熟品种，如台湾农友种苗公司的秀华、翠秀、月华等一代杂交品种，或地方优良品种如广西 1 号大肉苦瓜、广西 2 号大肉苦瓜、大顶苦瓜、成都大白苦瓜、蓝山大白苦瓜等。

（二）育苗

冬春茬苦瓜利用保温性能较好的日光温室，可于 9～10 月播种育苗。苦瓜种皮较厚，播前需在常温下浸种 12 小时，捞出后机械破种皮，再置于 33 ℃条件下催芽。将出芽后的种子直接播于营养钵内进行护根育苗。为了预防苦瓜与其他瓜类蔬菜重茬而发生枯萎病、蔓枯病，也可采用嫁接育苗。嫁接砧木可选择黑籽南瓜或台湾农友公司育成的"壮士""共荣"等砧用南瓜良种。苗龄 40 天左右，幼苗具 4～5 片真叶时便可定植。

（三）整地定植

冬春茬栽培的定植期在 10 月中下旬至 11 月上旬。定植前将日光温室的塑料薄膜扣好，夜间加盖草苫。苦瓜生长期长、结瓜多、需肥量大，定植前应施足底肥。通常每亩施入优质农家肥5 000千克，配合施用过磷酸钙 25 千克、硫酸钾 10 千克，深翻耙平。日光温室冬春茬苦瓜可采用宽行棚架栽培或窄行竖架栽培。宽行棚架栽培大行距 2.5 米、小行距 50 厘米、株距 40 厘米，每亩栽苗 1 000 株左右，苦瓜植株在开花结果前生长缓慢，为有效利用土地，前期可在宽行间做平畦，套种莴苣、甘蓝等速生蔬菜。窄行竖架栽培可采用 80 厘米和 70 厘米的大小行栽培，株距 40 厘米，每亩栽苗 2 000 株。按照不同的栽培方式整地起垄或作畦。

选晴暖天气定植。定植方法可参照冬春茬黄瓜，应注意苦瓜苗不能栽得过深，以防造成沤根。定植后覆盖地膜。

（四）定植后的管理

1. 温光调节 苦瓜属耐热蔬菜，冬春茬栽培的关键是温度管理。定植初期，白天及时通风，防止温度过高造成植株徒长，降低抗寒能力。12 月至翌年 1 月，是温室内温光条件最差的时期，应采取一些措施增温补光。要求日温保持 25 ℃左右，夜温15 ℃左右，最低温度不能低于 12 ℃。2 月以后，外界气温逐渐升高，白天应增加通风量，防止温度过高。一般达到 33 ℃放风，日温控制在 30 ℃左右，夜温控制在 15～20 ℃。当外界温度稳定在 15 ℃以上时，可去掉塑料薄膜和草苫，转入露地生产管理。

2. 水肥管理 浇过定植水和缓苗水后，结瓜前可不再浇水。进入开花结果期后开始追肥灌水。结果初期，温室内温光条件较好，7～10 天浇 1 次水，隔 1 次水追 1 次肥，每次每亩追施三元复合肥 15 千克。进入 12 月以后，温室内温光条件较差，应尽量减少浇水。以后随着外温的升高，植株生长旺盛，可逐渐增加浇水次数，每 15～20 天追 1 次肥，每次每亩施三元复合肥 20 千克左右。

3. 植株调整 利用宽行棚架栽培时，在宽行间用铁丝或细竹竿搭一个略朝南倾斜的水平棚架，根据温室条件，架高 2.0～2.5 米，利用吊绳引蔓上架。温室北端的植株主蔓 1.5 米以下的侧蔓全部去除，温室南端的植株主蔓 0.6 米以下的侧蔓全部去掉。其上留 2～3 个健壮的侧蔓与主蔓一起上架。以后再发生的侧蔓，如有瓜即在瓜前留 2 片叶摘心，无瓜则去除。

利用窄行竖架栽培时，每株仅保留 1 条主蔓，引蔓上架，只用主蔓结瓜，其余侧枝全部去掉。随着苦瓜的采收和茎蔓的生长，去掉下部的老叶，把老蔓落在地膜上。生长中期，侧蔓有瓜时，可留侧蔓结瓜，并在瓜前留 2 片叶摘心。缠蔓的同时要掐去卷须，同时注意调整蔓的位置和走向，及时剪除细弱或过密的衰老枝蔓，尽量减少互相遮阴。

苦瓜设施栽培，需人工辅助授粉提高坐果率。授粉方法可参照西瓜人工授粉。

(五) 及时采收

苦瓜以嫩果供食，一般花后 12～15 天即可采收。采收的标准为果实上的条状或瘤状突起比较饱满，瘤沟变浅，尖端变平滑，皮色由暗绿变为鲜绿并有光泽。采收后的苦瓜若不及时销售，应置于低温下保存，否则易后熟变黄开裂，失去食用价值。

第六节　瓠　　瓜

瓠瓜又名扁蒲、葫芦、夜开花、瓠子、蒲瓜、地蒲等，在我国某些地区，"瓠瓜"专指西葫芦，"瓠子"则用来专指瓠瓜。瓠瓜是葫芦科一年生蔓生草本植物，是夏季传统蔬菜之一，其食用部分为嫩果。瓠瓜品质细嫩柔软，稍有甜味，去皮后全可食用，既可炒食又可煨汤。中国古代以其老熟干燥果壳作容器，也作药用。瓠瓜在我同南北各地均有栽培，但南方栽培较普遍，近几年北方也开始引种栽培，并获得了较好效益。

一、生物学特性

(一)植物学特征

瓠瓜为浅根系，侧根发达，主要分布在表土 20 厘米内。根的再生能力弱，不耐干旱也不耐涝。茎为蔓生，中空，上被白色茸毛，蔓长 3～4 米，卷须分叉，分枝力强。一般主蔓着生雌花晚，侧蔓 1～2 节即可发生雌花。茎节易生不定根。单叶互生，心脏形或肾脏形，密生白色茸毛，叶大而薄，颇柔软，蒸腾量大。花为雌雄同株，单花腋生，花大白色，花柄甚长。雌雄花大都在夜间和早、晚光照弱时开放。果实为瓠果，有长棒形、长筒形、短筒形、扁圆形或束腰形状，嫩果果皮淡绿色，果肉白色而柔嫩，种子卵形，扁平，千粒重在 125 克左右。

(二)对环境条件的要求

瓠瓜喜温，不耐低温，种子在 15 ℃开始发芽，30～35 ℃发芽最快，生长和结果期的适温为 20～25 ℃。长瓠子不耐高温。

瓠瓜对光照条件要求高，在阳光充足情况下病害少，生长和结果良好且产量高。瓠瓜对水分要求严格，不耐旱也不耐涝。结果期间要求有较高的空气湿度。

瓠瓜不耐瘠薄土壤，以富含腐殖质的保水保肥力强的基质为宜。所需养分以氮素为主，配合适量的磷、钾肥施用，这样才能提高产量和品质。

二、品种选择

1. 线瓠子　植株攀缘生长，叶片绿色，圆五角心脏形，叶缘浅齿近于全缘，叶面密生白色短茸毛。子蔓结瓜，瓜细长棍棒形，上中部略细，光端略粗，瓜顶平圆，瓜基部瓜柄四周略突起有纵棱；瓜长 60～70 厘米，较粗部分横径 6～7 厘米，较细部分横径 4～4.5 厘米，单瓜重 0.5～0.75 千克，瓜皮绿白色，表面密生白色茸毛。老熟时皮色变浅，瓜皮变硬，茸毛脱落；瓜肉白色，厚1厘米左右，肉质细嫩，纤维少，品质佳且熟食，耐热性较强，不耐寒，不耐涝。抗病虫能力中等。

2. 长瓠子　又名长葫芦、夜开花、芋莆等，果实长圆筒形，长40～50厘米，果皮淡绿色，果肉白色，柔软，品质优良，果实多结在子蔓或侧蔓上，为早熟种。

3. 面条瓠子　又名香瓠子，南京地方品种。果实长70～100厘米，上下粗细相近，柄部稍细，果皮薄，淡绿色，有光泽，肉厚而嫩，白色。种子少，单瓜重1.5～2.0千克。较早熟。

4. 大葫芦　系北京地方品种。子蔓结瓜，瓜葫芦形，下部膨大呈球形，底部平，上部渐细呈短柱状，单瓜重1～2千克。嫩瓜外皮白绿色或淡绿色，底上有白色不规则花斑，表面密生白色短茸毛，瓜的上半部为实心，膨大部分瓤小肉厚，瓜肉白色，质地较致密，水分多，纤维少，略有甜味，品质较佳，嫩瓜供熟食，老瓜可用盛器。耐热、不耐寒、不耐旱、喜肥。

5. 孝感瓠瓜　湖北孝感地方品种。果实长圆筒形，腰部稍细，先端稍膨大，长70厘米左右，横径7厘米，瓜皮薄，绿色，肉厚白色，种子少，品质好。单瓜重1千克左右，属早熟高产品种。

6. 三江口瓠子　江西省南昌市地方品种。第一雌花着生在主蔓第四至五节及侧蔓第一至二叶节上。果实棒形，长50厘米左右，横径约7.5厘米，外皮浅绿色，具白色茸毛，肉质细嫩，味稍甜，品质优良。单瓜重750克左右。较耐低温，较抗病虫。每亩产量可达3 500～4 000千克。

三、栽培技术

（一）栽培季节

瓠瓜一般春季播种，夏季收获。在保护地中栽培，可适当提早或延后。

(二) 播种育苗

瓠瓜可在终霜前露地直播，或在保护地中育苗后再定植。播种前，种子需要处理。一般需浸种 24～48 小时，然后播种，每亩地生产用种量为 250 克左右。瓠瓜苗期的管理同春黄瓜相同，可参照黄瓜育苗技术。

(二) 定植及田间管理

1. 整地施肥定植 瓠瓜的整地施肥定植与春黄瓜基本相同，可参照黄瓜栽培技术。不同之处是瓠瓜定植垄宽，宽为 1 米、株距 0.4 米，每亩保苗 1 600 株左右。

2. 植株调整 瓠瓜可分为搭架或不搭架栽培，搭架栽培方式的，当苗长到 30 厘米高时，用 2～3 米的长竹竿设立人字架，约在 1.3 米处交叉，为了便于侧蔓攀缘和人工分层绑蔓，需横架 2～3 条。随着秧苗的生长，将蔓数次绑在支架上，并使其分布均匀。瓠瓜主要由子蔓、孙蔓结瓜，故应进行植株调整，常实行 2～3 次摘心，促使子蔓及孙蔓发生。当主蔓长到 6 叶左右时，进行第一次摘心，促使子蔓抽生结果，当侧蔓结果后进行第二次摘心，促使孙蔓抽生和结瓜，此后可任其自然生长或再进行第三次摘心。为了增加雌花数，当幼苗有 4～6 片真叶时，用 150 毫克/千克浓度的乙烯利喷洒叶面，在主蔓的第八、九节开始，每节都可以发生 1 朵雌花。如果喷洒 2 次，连续着生的节数更多，雄花的发生侧大大减少。

3. 肥水管理 瓠瓜生长势较其他瓜类弱，生长期短，结果集中，除施基肥外，还要追肥灌水。追肥宜薄肥勤施。在定植成活和摘心后、果实膨大期分别施 1 次肥。开始采收后分期追肥 1～2 次，促使后熟瓜生长。瓠瓜需水较多，应及时浇水，结果期间天旱可 1～2 天浇 1 次水，但如果雨水多时，也应及时做好排水防涝管理。

4. 病虫害防治 瓠瓜虫害主要有蚜虫，蚜虫还会传播病毒病，防治须及时。

瓠瓜病害主要有病毒病和白粉病等。白粉病可用 25％粉锈宁可湿性粉剂 8～13 克药粉兑水 50 千克喷雾，或 50％多硫胶悬剂 300～400 倍液或农用抗毒菌素 120 倍液等喷雾防治。

第七节　南　瓜

南瓜种植历史悠久（公元前 5 000 年），世界各地栽培广泛，是人类最早栽培的作物之一，是蔬菜中资源最为丰富、形态变化最大、色彩最为丰富、最具有变异性的种类，被称为植物界"多样性之最"。中国栽培的南瓜主要有南瓜、笋瓜、西葫芦，在云南省还栽培有黑籽南瓜。

一、品种及播期

1. 品种分类　按成熟期分：早熟品种、中熟品种、晚熟品种；按果实大小分：大南瓜、小南瓜；按果实形状分：圆南瓜、长南瓜等；按主要用途分：食用品种、观赏品种、嫁接品种等。

2. 适宜播种期　不同地区的适宜播种期，应根据各地自然气候条件、育苗设施设备、栽培管理方式、定植时期以及市场需求来确定。

3. 播种量　要根据种子的发芽率、种子纯度、定植密度等条件来确定，此外要增加 10％～20％的备用苗以备补苗。一般情况，如种子发芽率高、纯度好，用种量每亩在 0.3～0.9 千克。

4. 适宜的苗龄　露地栽培：苗龄一般 20～25 天，并具有 2～3 片真叶；保护地栽培：苗龄 30 天左右，3～4 真叶的生理形态。一般壮苗的标准：苗龄 25～35 天，株高 10 厘米左右，茎粗 0.4～0.5 厘米，有 3～4 片真叶。

二、栽培技术

南瓜可以直播或育苗移栽。地温稳定在 12 ℃以上时，可开始露地直播，但必须使幼芽在断霜后出土。

1. 整地与施肥　南瓜对土壤要求不严格，以沙壤土、壤土最为适宜。若是爬地栽培南瓜（西葫芦除外），行距为 2～3 米、株距 0.5～0.7 米；若是搭架栽培则行距为 1.5～2 米、株距 0.7～1.0 米。栽培西葫芦行距为 1.2～1.5 米、株距 0.7～0.9 米。栽种前需要对土壤进行深翻，并施入优质有机肥做底肥，一般每亩施基肥 2 500～4 000 千克。

2. 播种与育苗　南瓜栽培可以育苗移栽，也可以直播。

育苗移栽，先准备好苗床或育苗杯，浇透水，将种子平播或芽尖朝下插入基质中，每个育苗杯中播 1 粒种子。播种后覆土 2～3 厘米。保持床温或育苗杯温度在 20～25 ℃，3～5 天便可出苗。南瓜出苗期间，注意随时轻轻摘掉种壳，以利子叶展开。苗期要适当控制土壤湿度和苗床温度，防止幼苗徒长。为了促进南瓜根系发育，利于蹲苗，可进行 1 次移植，当秧苗有 2～3 片真叶时，即可定植。

3. 定植　由于各地气候差异较大，所以南瓜的定植时间也不一致，只要能保证南瓜苗不要受低温冻害，正常生长，就可以定植或直播。注意定植时不宜过深，以子叶露出地面为宜。浇定根水时，苗叶上尽量不要沾水和沾泥土，以免影响缓苗与成活。

4. 中耕与除草　结合除草进行中耕，由浅入深。注意在除草时，不要伤着苗或植株根系。为促进根系发育，中耕时，要适当往根上培土。整个南瓜生育期间，一般要进行中耕除草 2～3 次。

5. 灌溉与追肥　南瓜定植后，如果墒情好，一般不需要灌水。在这个阶段应多次进行中耕，同时，提高地温促进根系发育，以利壮秧。伸蔓后，距根 15～20 厘米处开沟施肥，每亩可施 500～1 000 千克的腐熟有机肥，或 15～20 千克的速效氮肥，施肥后要灌水，防治速效氮肥烧根。肥料的追施要做到少量多施，并在施肥后要注意预防烧根及肥害。

6. 整枝与压蔓 栽培西葫芦一般不进行打顶整枝。但在栽培南瓜时，有时由于植株枝叶过旺，易引起化瓜。因此，一般在真叶出现 6～8 片时，进行摘顶，促进发生侧枝。一般南瓜的侧蔓最多留 3～4 条，若是有特殊栽培需求，则可根据需要进行整枝打蔓、留侧蔓。同时结合整枝做好压蔓工作，既能使藤蔓分布均匀，又有利于土壤营养的吸收与利用。

7. 授粉 若是在设施中栽培南瓜或露地栽培南瓜花期遇雨天，为提高南瓜坐果率和产量，预防僵蕾与僵果的发生，必须进行人工授粉或放蜂辅助授粉。南瓜花一般都是在早晨 6 点以前就开始开放，为提高授粉效率和坐果率，授粉工作应该在上午 9 点以前完成。

三、主要病虫害及缺素症防治

（一）主要虫害

南瓜的虫害主要有蚜虫、瓜守和蚂蚁等，用乐果 1 000 倍液即可收到较好效果。幼苗期可用乐果 1 500～2 000 倍液来防治。防治瓜守、蚂蚁应在上午露水未干时进行，效果比较好。也可用吡虫啉、阿维菌素等药剂防治，效果都较好。

（二）常见病害

南瓜常见的病害主要是白粉病、病毒病、霜霉病等。病害的发生，直接影响到南瓜的生长发育，造成缩短生育期、减产，并降低品质。蚜虫是病毒病的传播主体，故要想防治病毒病，必须先治蚜虫，再进行防治。

1. 南瓜白粉病 白粉病发生的条件：露地栽培的南瓜，当田间湿度较大，温度在 16～24 ℃时，白粉病很容易流行，在高温干燥条件下，病情即受到抑制；在温室、塑料大棚里容易造成湿度较大、空气不流通的条件也适于白粉病的发生，且常较露地南瓜发病早而严重。

栽培管理粗放，施肥、灌水不适，尤其偏施氮肥过多，易造成植株徒长。枝叶过密，通风不良，株间湿度大，光照不足，植株长势弱，也有利于病害的发生。

防治措施：以选用抗病品种和加强栽培管理为主；预防高温干旱或高温高湿；喷施粉锈宁乳油 2 000 倍液，或喷施 2％农抗 120 水剂 200 倍液，或喷退菌特 1 500 倍液。

2. 南瓜炭疽病 症状：主要为害果实，尚未发现病叶和茎蔓染病。果实染病主要发生在接近成熟或已成熟果实上，初现浅绿色水渍状斑点，后变成暗褐色凹陷斑，逐渐扩大，病斑凹处龟裂，湿度大时，病斑中部产生粉红色黏质物。

主要防治方法：选用抗病品种；选择无病种；施用腐熟有机肥，实施轮作；加强温、湿度管理；棚室中栽培可采用烟雾法；选用 45％百菌清烟剂，每亩 250 克，隔 9～11 天熏 1 次，连续 3 次左右；可用 1 000 倍的退菌特药剂防治。

3. 南瓜蔓枯病 症状：为害叶片、茎蔓和果实。叶片染病，病斑初褐色，圆形或近圆形，其上微具轮纹。蔓染病，病斑椭圆形至长梭形，灰褐色，边缘褐色，有时溢出琥珀色的树脂状胶质物，严重时形成蔓枯，导致果实不长。果实染病，轻则形成近圆形灰白色斑，具褐色边缘，发病重的开始时形成不规则褪绿或黄色圆斑，后变灰色至褐色或黑色，最后病菌进入果皮引起干腐，一些腐生菌乘机侵入引致湿腐，为害整个果实。

防治方法：选择轮作；选用无病种子；采用配方施肥，施足充分腐熟有机肥；发病初期喷淋 75％百菌清可湿性粉剂 600 倍液或 1 000 倍的瑞毒霉锰锌。

4. 南瓜霜霉病 症状：主要为害叶片。初生淡绿色后变黄色病斑，受叶脉限制带棱角，湿度大时叶背面可见淡灰色稀疏的菌丛。

防治方法：选用抗病品种；可喷洒瑞毒霉锰锌 1 000～1 500 倍液、70％三乙膦酸铝·锰锌 500 倍液、64％杀毒矾可湿性粉剂 400～500 倍液。

5. 南瓜疫病　症状：茎、叶、果均可染病。茎蔓部染病，病部凹陷，呈水浸状，变细、变软，致病部以上枯死，病部产生白色霉层。叶片染病，初生圆形暗色水渍状斑，软腐、下垂，干燥时呈灰褐色，易脆裂。果实染病，初生时水渍状暗色至暗绿色斑，后迅速扩展，并在病部生出白色霉状物，2～3 天或几天后果实软腐，在成熟果实表面上有的产生蜡质物，生产上果实底部虫伤处最易染病。

防治方法：清洁田园，深翻土地，提倡轮作或高畦栽培；选用抗病品种；采用配方施肥，减少化肥用量，提高抗病力；加强田间管理；浇灌和喷淋 75％甲霜灵 800 倍液＋代森锌 1 000 倍液、61％三乙膦酸铝・锰锌可湿性粉剂 500 倍液。

6. 缺素症　南瓜缺素症与病毒病症状十分相似，致使判断失误而造成生产成本增加，产品质量下降。

（1）**缺氮症状**　植株叶片小，新叶淡绿，从下到上慢慢变黄。先是叶脉间发黄；花落后坐果量少，果实膨大缓慢。

发生原因：主要是由于前期作业时施用有机肥过少，土壤含氮量降低或氮元素被雨水冲走；另外，收获量大造成土壤中氮肥含量减少，追肥不及时也容易出现缺氮症状。

防治方法：根据南瓜对氮、磷、钾三要素和微肥的需求，施用腐熟的有机肥，防止缺氮。低温条件下可施用硝态氮；田间出现缺氮症状时，应立即在根部增施氮肥，也可叶面喷施。

（2）**缺铁症状**　植株新叶、腋芽开始时变黄发白，尤其是上部叶片、生长点附近的叶片和新叶叶脉先黄化，后逐渐失绿；叶片的尖端坏死，发展至整片叶子淡黄或变白，叶脉尖端失绿，出现细小棕色斑点，组织容易坏死，花色不鲜艳。

发生原因：在碱性土壤中，磷施用过量导致缺铁；土壤中的铜、锰等元素过多时，会影响南瓜对铁的吸收和利用，从而也会出现缺铁病状。

防治方法：土壤 pH 应保持在 6～6.5，可以施用石灰，但不可过量，避免土壤变为碱性；土壤不要过干或过湿；还可叶面喷洒 0.3％硫酸亚铁水溶液防治。

（3）缺锌症状　叶片小且簇生，斑点先是在主脉两侧出现，主茎节间缩短，叶片小而密，分枝过度，植株矮化，从中间叶片开始褪色，叶的边缘由黄逐渐变为褐色，叶缘枯死，叶片呈现稍外翻或卷曲。

发生原因：光照过强或吸收磷过多时易出现缺锌症状。若土壤 pH 过高，即使土壤中有足够的锌，也不易被溶解或吸收。

防治方法：土壤中不要过量施用磷肥，而要有选择地施用酸性肥料来降低土壤的 pH，田间可每亩施用 1.5 千克左右亚硫酸锌，也可喷洒 0.2％亚硫酸锌溶液。

第八节　丝　瓜

丝瓜为葫芦科攀援草本植物，根系强大，茎蔓性、五棱、绿色，主蔓和侧蔓生长都繁茂，茎节具分枝卷须，易生不定根。果为夏秋季蔬菜，所含各类营养在瓜类食物中较高，所含皂苷类物质、丝瓜苦味质、黏液质、木胶、瓜氨酸、木聚糖和干扰素等特殊物质具有一定的特殊作用。成熟果实里面的网状纤维俗称丝瓜络，可用作洗刷灶具及家具等；果实还可供药用，有清凉、利尿、活血、通经、解毒之功效。

丝瓜喜温暖气候，耐高温、高湿，忌低温。对土壤适应性广，宜选择土层深厚、潮湿、富含有机质的沙壤土，不宜选择瘠薄的土壤。国内外均有分布和栽培。

一、品种选择

选用优质、丰产、商品性佳、适合市场的品种。冬春栽培要选择长棒形，市场面向港澳及华南地区的品种，如碧绿、双青、绿旺等；夏秋栽培宜选择面向本地市场的短棒形品种，如泰国丝瓜等。

二、土壤准备

生产用地要选择土层深厚、土质肥沃、排灌方便、pH 中性或略偏酸的沙壤土为宜。基肥以腐熟农家肥为主，辅以三元复合肥、尿素、过磷酸钙、饼肥等，一般每亩施农家肥 2 000～3 000千克、三元复合肥 50 千克、尿素 30 千克、过磷酸钙 40 千克、饼肥 30 千克。最好是一起混合腐熟后再做基肥施用。一般基肥的施用量占丝瓜总生产期用量的 2/3。起畦一般宽为 1.4 米（含沟），畦宽为 30～35 厘米，长度以实际大田为准。丝瓜不耐热，最好实行地膜覆盖栽培。覆膜时，尽可能选晴朗无风的天气，地膜要紧贴土面，四周要封严盖实。地膜的选择有：白色地膜对土壤增温效果较好；黑色地膜对抑制杂草生长效果显著；银灰色地膜能有效避免蚜虫的危害。

三、播种育苗

播种前进行种子消毒、浸种催芽，处理方法及苗床准备、播种、苗期管理等均可参考黄瓜等的育苗方法。浸种的时间一般为8～10 小时，催芽 2～3 天即可出芽播种。由于种子较大，播种时覆土厚度应达到 1.5 厘米左右。

丝瓜的苗龄以 40 天左右为宜。当幼苗生长出 3～4 片真叶时即可定植。丝瓜根系发达，为减少移植时对根系的损伤和有利于及时恢复生长，丝瓜育苗最好采用穴盘、营养钵等护根育苗的方法。

四、定植及定植后管理

1. 定植密度　南方地区适于丝瓜生长的时期相对较长，常采用棚架栽培方式，行距 2～3 米、株距 30～100 厘米。定植时幼苗一定要带有完整的土坨，以保护根系，有利于缓苗，定植完成时要及时浇定根水，以后再根据土壤墒情和天气情况浇缓苗水。

2. 中耕除草　浇过缓苗水后，幼苗新叶开始发生，但此时还未搭架，幼苗又小，应及时进行第一次中耕松土，以不伤及幼苗根系和不松动幼苗基部为原则。第二次中耕时要将每架行间的土适当地向两边培于植株根部，使平畦变成瓦垄畦，促进不定根的发生，扩大植株吸收营养的面积，增强丝瓜的吸收能力。当植株长大，枝叶爬满架后，土面被遮阴，不宜再中耕，此时如有杂草也应及早拔除。早春丝瓜刚定植时，气温较低，应适当控制浇水，加强中耕管理，努力促进丝瓜根系的生长。

3. 搭架　在第二次深中耕后要及时搭架。搭架的方式应根据具体情况而定，一般蔓长、生长旺盛、分枝力强的品种，且当地适宜生长的时间较长的以搭棚架为好（如平棚架、半拱圆形棚架等）。生长势弱、蔓较短的早熟品种，且当地适宜生长的季节较短的，以搭"人"字架或"井"字架为宜。在丝瓜茎蔓上架之前，要注意随时摘除侧芽，并进行人工引蔓；引蔓时可根据植株的生长情况，结合"之"字形引蔓，使植株的茎蔓分布均匀，生长点处于同一水平。要及时做好绑蔓固定茎蔓工作，当植株茎蔓爬到架的上部后，特别是棚架栽培，就不再进行绑蔓和引蔓，也不再摘除侧蔓，但要把茎蔓过密处的侧枝、弱枝和严重重叠的或染病的侧蔓摘除。也可以在强壮的侧蔓上留 1～2 条瓜后摘心。棚架一定要搭得坚固，以防操作和刮风时倒塌。

4. 肥水管理　丝瓜虽然较耐贫瘠，但在肥水充足的条件下，生长健壮，根深叶茂，花果多，瓜条粗直。所以栽培丝瓜除施足基肥外，在定植时浇定根水时可少量施肥，以促进缓苗生长。以后浇水时均可配合进行追肥。丝瓜对高浓度的肥料也能忍受，肥料充足时也不易发生徒长。丝瓜的整个栽培过程中，其追肥次数和追肥量可比其他瓜类多。

如果施肥不及时，易发生脱肥现象，造成雌花黄萎、脱落，正在生长发育的果实会发育畸形，影响产量和品质。实际生产栽培中，每收获 1～2 次瓜，就必须追一次肥，每次每千克土可追施肥硫酸铵 0.5 克或尿素 0.5 克，也可施入氮、磷、钾复合肥料 0.5 克。施肥时最好埋入土中（复合肥必须埋入土壤中），在离植株根约 12 厘米处挖约 10 厘米深的穴，埋入肥料，施肥后应进行浇水。丝瓜还可结合喷药等进行叶面施肥，如喷施 0.3% 的尿素溶液等。

5. 采收　一般丝瓜从定植到开始采收需 50～60 天。从雌花开放后 7～10 天，果梗变光滑，瓜皮颜色变为深绿色，果面茸毛减少，用手触果皮有柔软感，即可采收。棱角丝瓜更易老化，一般采收期比普通丝瓜要提前 1～2 天。在肥水不足时，果实易老，应适当早采收；而肥水充足时，可适当推迟采收。

6. 留种　丝瓜留种以根瓜为好，根瓜开花结果早、生育期长、籽粒饱满，其后代生活力强、种性好、结瓜多而早。当果实充分成熟，果皮硬化，皮色变枯黄时即可采收。采收时选择果形符合本品种特性的，瓜条粗正，瓜柄肥大，生长发育快，无病虫害果实作为种瓜。种瓜采收后应切去顶尖，或在瓜顶打几个小孔，挂在通风良好的室内，使瓜内水分充分晾干，以利取籽。取籽时撕去外皮，纵切瓜络，用力拍打，种籽即散落出来，晾干贮存。

五、大棚丝瓜套种香菜、鸭儿芹

长江流域地区用大棚种植春提早丝瓜，丝瓜拉蔓上架形成荫棚，伏夏季节降温种植反季节香菜或鸭儿芹，形成立体套种模式，经济效益十分显著。

（一）大棚丝瓜种植技术要点

丝瓜选用上海香丝瓜、早香丝、江蔬 2 号等早熟品种。2 月中下旬浸种催芽至芽长 1.5 厘米时播种，利用穴盘基质在大棚内加盖小拱棚育苗，每穴播 1 粒，播后覆土盖地膜促进发芽，出苗后将地膜揭开起拱，不需分苗。4 月上中旬苗有 2～3 片真叶时定植于大棚内两侧。定植前结合耕翻每亩施腐熟有机肥 2 500 千克、硫酸钾型复合肥 30 千克、钙镁磷肥 50 千克。做 3.6 米的宽畦,单行定植,株距 35 厘米,每亩栽 476 株,定植行两侧每亩沟施高钙钾宝 8 千克、尿素 10 千克、硼砂 400 克、硫酸钾 10 克。定植前挖定植穴,放入过筛陈腐煤灰土或土杂肥。瓜蔓长 30 厘米以上时搭棚,形成长方形立体空间结构。上棚时按同一方向将瓜藤分开,藤间隔 15 厘米,以后每隔几天整理藤蔓一次,并随时摘除卷须、侧蔓、雄花以及生长不良的幼瓜,5 月中旬后揭去棚膜。丝瓜 5 月中下旬开始采收,一般 9 月中旬结束。

(二)香菜种植技术要点

香菜选用山东大叶、北京香菜等耐热、抽薹晚、生长快的品种,一般播种后 45 天左右便可采收。

做宽 1 米的高畦,畦间留 50 厘米宽的操作行。播前种子进行低温处理,将种子放在 5～10 ℃的冰箱中冷藏 7～10 天,之后将种子碾破为两半,用清水浸泡 5 小时,再用 50%多菌灵可湿性粉剂 500 倍液或 50%甲基硫菌灵可湿性粉剂 1 000 倍液浸种 5 小时,洗净后用湿纱布包住催芽,30%种子露白时播种。播后用稻草或遮阳网贴地覆盖。生长期除要求遮阳降温外,还要经常浇水,保持畦面湿润。苗高 5 厘米左右、有 2～3 片真叶时间苗 1～2 次,苗距 3～5 厘米,最后一次间苗后结合灌水每亩施尿素 6～10 千克;苗高 7～8 厘米时施第二次肥,每亩施尿素 15～20 千克。生长后期喷施 1 000～1 200 毫克/升磷酸二氢钾溶液 1～2 次,收获前 15 天停止喷施。

(三)鸭儿芹套种技术

鸭儿芹又名鸭脚板、脚板三叶芹、水蒲莲、六月寒等。为伞形科鸭儿芹属多年生宿根草本植物,在低山林边、沟边、田边、溪边、湿地和沟谷草丛等阴湿处常可见到。

1. 生物学特性 株高 30～90 厘米,茎具叉状分枝。基生叶及茎下部叶为三出复叶,呈三角形,故也有三叶芹菜之称,叶缘有规则尖锐重锯齿；茎生叶为披针状无叶柄。花序为复伞形花序，较疏散。花白色，双具果，条状短圆形或卵状短圆形，自然花期 6～7 月，果期 8～9 月。种子黑色，长纺锤形，有纵沟。全国各地均有分布，喜冷凉潮湿的半阴环境。在高温干燥条件下生长不良，并易老化。种子为需光性发芽类型，植株生长最适温度为 15～22 ℃，耐寒力强。喜中性、保水力强、有机质丰富的土壤。

2. 栽培管理要点

（1）种植方式　一种是直播；另一种是育苗移栽。直播方式生产因种子很小，可用少量细沙或粉土拌和，均匀散播于平整后的基质表面，并压实浇透水，一周后即可出苗。当苗有 2～3 片真叶后，结合删苗，可收获 2～3 次，直到最后植株的间距在 8～10 厘米。育苗移栽方式的在苗高 8～10 厘米可定植，按株距 15～20 厘米每穴种 3 株，定植后及时浇足定根水。

（2）采收　当苗长到 15～20 厘米高时便开始收割，方法是在距根基部 3 厘米处，用刀割取，留茬再生。在气温适宜时一般 25～30 天可收割一次；在低温和高温时，需 40～50 天收割一次。

（3）施肥　因采收期较长，故在施足基肥的前提条件下，每收割一次，应及时清理一次种植地，将老叶、黄叶、杂草清除，并施一次追肥，追肥可用稀释好的农家有机肥或用浓度为 0.3%～0.5% 氮、磷、钾三元复合肥。

第三章　茄果类蔬菜立体栽培

　　茄果类蔬菜是指茄科植物中以浆果作为食用部分的蔬菜作物，主要包括番茄、茄子和辣椒等。茄果类是我国蔬菜生产中最重要的果菜类之一，其果实营养丰富，适于加工，具有较高的食用价值。加之适应性较强，全国各地普遍栽培，具有较高的经济价值。因此，茄果类蔬菜在农业生产和人民生活中占有重要地位。

　　茄果类蔬菜的分枝性相似，均为主茎生长到一定程度，顶芽分化为花芽，同时从花芽邻近的一个或数个副生长点抽生出侧枝代替主茎生长；连续分化花芽及发生侧枝，营养生长和生殖生长同时进行，所以生产栽培上应采取措施调节营养生长和生殖生长的平衡；茄果类蔬菜从营养生长向生殖生长转化的过程中，对日照不敏感，只要营养充足，就可正常生长发育；对生长环境的要求相似，均需要温暖的环境和充足的光照，耐旱不耐湿，空气湿度大易落花落果；有共同的病虫害，应与非茄科作物实行 3 年以上轮作。

第一节　番　　茄

　　番茄，别名西红柿、洋柿子，茄科番茄属一年生草本植物，原产于美洲西部的秘鲁和厄瓜多尔的热带高原地区。公元 16 世纪传入欧洲作为观赏栽培，17 世纪才开始食用。17～18 世纪传入我国。番茄果实柔软多汁，酸甜适口，并且含有丰富的维生素 C 和矿质元素，深受广大消费者的喜爱。新中国成立以后，番茄栽培迅速发展，尤其是 20 世纪 60 年代以后，随着设施蔬菜生产的发展，番茄栽培面积不断扩大，现已成为我国主要的栽培蔬菜之一。

一、品种类型

根据分枝习性可分为有限生长型和无限生长型两种类型。

（一）有限生长型

主茎生长 6～7 片叶后，开始着生第一花序，以后每隔 1～2 叶形成 1 个花序，当主茎着生 2～4 个花序后，主茎顶端形成花序，不再发生延续枝，故又称自封顶。

（二）无限生长型

主茎生长 8～10 片叶后着生第一花序，以后每隔 2～3 片叶着生 1 个花序，条件适宜时可无限着生花序，不断开花结果。

二、生物学特性

（一）形态特征

1. 根　根系发达，主根入土达 1.5 米，分布半径 1.0～1.3 米，主要根群分布在 30 厘米土层中。根系的生长特点是一边生长，一边分枝。栽培中采用育苗移栽，伤主根，促进侧根发育，侧根、须根多，苗壮；地上部茎叶生长旺盛，根系分枝能力强，因此，过度整枝或摘心会影响根群的发育。

2. 茎　茎多为半直立，需搭架栽培。腋芽萌发能力极强，可发生多级侧枝，为减少养分消耗和便于通风透光，应及时整枝打杈，形成一定的株型。茎节上易发生不定根，可通过培土、深栽，促使其发不定根，扩大吸收面积，还可利用这一特性进行扦插繁殖。

3. 叶　单叶互生，羽状深裂，每叶有小裂片 5～9 对，叶片和茎上有茸毛及分泌腺，分泌出特殊气味，故虫害一般较少。

4. 花　完全花，花冠黄色。小花着生于花梗上形成花序。

普通番茄为聚伞花序，小型番茄为总状花序。普通番茄每个花序有小花 4～10 朵，小型番茄每个花序则着生小花数十朵。小花的花柄和花梗连接处有离层，条件不适合时易落花。

5. 果实 多汁浆果，果形有圆形、扁圆形、卵圆形、梨形、长圆形等，颜色有粉红、红、橙黄、黄色。大型果实 5～7 个心室，小型果实 2～3 个心室。

6. 种子 种子比果实成熟早，授粉后 35 天具发芽力，50～60 天完熟。种子扁平，肾形，银灰色，表面具茸毛。千粒重 3.0～3.3 克，发芽年限 3～4 年。种子在果实内不发芽是因为果实内有抑制萌发物质。

(二) 生长发育周期

1. 发芽期 从种子萌动到第一片真叶显露为发芽期，适宜条件下需 7～9 天。番茄种子小，营养物质少，发芽后很快被利用，所以幼苗出土后需保证营养供应。

2. 幼苗期 从第一片真叶显露至第一花序现蕾。此期又可细分两个阶段：从第一片真叶出现至幼苗具 2～3 片真叶为营养生长阶段，需 25～30 天。此期间根系生长快，形成大量侧根。此后进入花芽分化阶段，此时营养生长和生殖生长同时进行。番茄花芽分化的特点是早而快，并具有连续性。每 2～3 天分化一个花朵，每 10 天左右分化一个花序，第一花序分化未结束时即开始分化第二花序，第一花序现大蕾时，第三花序已分化完毕。花芽分化的早晚、质量和数量与环境条件有很大关系，当日温 20～25 ℃、夜温 15～17 ℃ 条件下，花芽分化节位低，小花多，质量也好。

3. 开花着果期 第一花序现蕾至坐果。这是番茄从以营养生长为主过渡到生殖生长与营养生长并进的时期。该时期正处于大苗定植后的初期阶段，直接关系到早期产量的形成。开花前后对环境条件反应比较敏感，温度低于 15 ℃ 或高于 35 ℃ 都不利于花器官的正常发育，并易导致落花落果或出现畸形果。

4. 结果期 第一花序坐果到生产结束。无限生长型的番茄只要环境条件适宜，结果期可无限延长。该阶段的特点是秧果同步生长，营养生长和生殖生长的矛盾始终存在，既要防止营养生长过剩造成疯秧，又要防止生殖生长过旺而坠秧，主要任务是调节秧果关系。单个果实的发育过程可分为3个时期。

（1）坐果期 开花至花后4～5天。子房受精后，果实膨大很慢，生长调节剂处理可缩短这一时期，直接进入膨大期。

（2）果实膨大期 花后4～5天至30天左右，果实迅速膨大。

（3）定个及转色期 花后30天至果实成熟。果实膨大速度减慢，花后40～50天，果实开始着色，以后果实几乎不再膨大，主要进行果实内部物质的转化。

（三）对环境条件的要求

1. 温度 番茄是喜温蔬菜，生长发育适宜温度20～25℃。温度低于15℃，植株生长缓慢，不易形成花芽，开花或授粉受精不良，甚至落花。温度低于10℃，植株生长不良，长时间低于5℃引起低温危害，-2～-1℃则受冻。番茄生长的温度高限为33℃，温度达35℃生理失调，叶片停止生长，花器发育受阻。番茄的不同生育时期对温度的要求不同，发芽适温为28～30℃；幼苗期适宜温度为日温20～25℃，夜温15～17℃；开花着果期适宜温度为日温20～30℃，夜温15～20℃；结果期适宜温度为日温25～28℃，夜温16～20℃。适宜地温20～22℃。

2. 光照 喜阳光充足，光饱和点为70 000勒克斯，温室栽培应保证30 000勒克斯以上的光照强度才能维持其正常的生长发育。光照不足常引起落花。强光一般不会造成危害，但如果伴随高温干旱，则会引起卷叶、坐果率低或果面灼伤等。

3. 水分 番茄属半耐旱作物，适宜土壤湿度为田间最大持水量的60%～80%。在较低空气湿度（相对湿度45%～50%）下生长良好。空气湿度过高，不仅阻碍正常授粉，还易引发各类病害。

4. 土壤与营养 番茄对土壤条件要求不严，但在土层深厚、排水良好、富含有机质的土壤上种植易获高产。适合微酸性至中性土壤。番茄结果期长、产量高，必须有足够的养分供应。生育前期需要较多的氮、适量的磷和少量的钾，后期需增施磷、钾肥，提高植株抗性，尤其是钾肥能改善果实品质。此外，番茄对钙的吸收较多，生长期间缺钙易引发果实生理障碍。

番茄栽培分为露地栽培和设施栽培。在露地栽培中，除育苗期外，整个生长期必须安排在无霜期内，根据其生长时期，又可分为露地春番茄和露地秋番茄。春番茄需在设施内育苗，晚霜后定植于露地；秋番茄一般在夏季育苗，为减轻病毒病的发生，苗期需遮阴避雨；南方部分地区利用高山、海滨等特殊的地形、地貌进行番茄的越夏栽培；北方无霜期较短的地区，夏季温度较低，多为一年一茬。

设施番茄栽培类型较多，各种类型的栽培季节和所利用的设施，因不同地区的气候条件和栽培习惯而异。南方多采用塑料大棚和小拱棚进行春早熟栽培，北方则多利用塑料大棚、日光温室进行提前、延后和越冬栽培。

三、栽培技术

（一）日光温室冬春茬栽培技术

1. 品种选择 应选择果实形状、颜色等符合销售地区消费习惯，且结果期长、产量高、品质好、耐贮运的中晚熟品种。如L-402、中杂9号、毛粉802、佳粉15、浙粉202及以色列的秀丽、加茜亚和荷兰的百利系列等品种。

2. 育苗技术要点 在日光温室内做苗床育苗。每亩栽培面积需种子30克左右。浸种催芽后均匀撒播于苗床中，每平方米苗床播种量5克左右。幼苗具3片真叶前分苗，以免影响花芽分化。可采用塑料营养钵移植或苗床移植。分苗后提高温度促进缓苗，日温控制在 25～28 ℃、夜温 18～20 ℃、地温 20 ℃左右。缓苗后及时通风降温，防止徒长，日温 22～25 ℃、夜温 13～15 ℃。水分管理按照见干见湿的原则，不宜过分控制。整个苗期都应注意增强光照，当幼苗长至 4～5 片叶时，应及时将塑料营养钵分散摆放，以扩大光合面积，防止相互遮阴。定植前 1 周需加大通风，日温降至 18～20 ℃、夜温降至 10 ℃左右，进行秧苗锻炼。通常当番茄幼苗日历苗龄达 70～80 天，株高 25 厘米左右，具 8～9 片叶，第一花序现大蕾时，即可定植。

为防止青枯病等土传病害，克服温室番茄的连作障碍，也可采用嫁接育苗。番茄嫁接育苗在日本广泛应用，在我国处于试验推广阶段。生产中常用砧木主要为野生番茄品种，如 CH - Z - 26、LS - 89、BF 兴津 101、耐病新交 1 号、PFNT 等。嫁接方法可采用插接、劈接、靠接和套接等。插接法嫁接，砧木要比接穗早播 7 天左右，待砧木具 4～5 片真叶，接穗具 2～3 片真叶时，用刀片横切砧木茎，去掉上部，再用光滑的竹签插入茎中，深度为 1.0～1.5 厘米，竹签暂不拔出；接穗保留上片 2～3 片真叶，用刀片切掉下部，把切口处削成楔形；然后将竹签迅速拔出，随即将接穗插入砧木中，再用嫁接夹固定。

3. 整地定植　定植前对温室土壤和空间进行熏蒸消毒。定植前一周翻地施基肥，每亩撒施优质农家肥 6 000～8 000 千克，深翻 30～40 厘米，使肥料与土壤混合均匀，然后耙平。按行距 1.1 米开施肥沟，每亩再沟施农家肥 5 000 千克、磷酸二铵 20 千克、硫酸钾 15 千克（或草木灰 100 千克），再逐沟灌水造底墒。水渗下后在施肥沟上方做成 80 厘米宽、15 厘米高的小高畦。定植时在小高畦上，按行距 50 厘米开两条定植沟，按 33 厘米株距摆苗，先培少量土稳坨，浇定植水，水渗下后合垄。两行中间开浅沟，沟的深浅宽窄要一致，作膜下灌水的暗沟。定植完毕用小木板把垄台刮光，再覆地膜。每亩可定植 3 700～4 000 株。

4. 定植后的管理

（1）温光调节　定植后闭棚升温，高温高湿条件下促进缓苗。中午温度超过 30 ℃时可放下部分草苫遮光降温。缓苗后，日温降至 20～25 ℃、夜温降至 13～17 ℃，以控制营养生长，促进花芽的分化和发育。进入结果期宜采用"四段变温管理"，即上午见光后使温度迅速上升至 25～28 ℃，促进植株的光合作用；下午植株光合作用逐渐减弱，可将温度降至 20～25 ℃；前半夜为促进光合产物运输，应使温度保持在 15～20 ℃，后半夜温度应降到 10～12 ℃，尽量减少呼吸消耗。

冬春茬番茄生育期要经过较长时间的严寒冬季，日照时间短，光照弱，是植株生长和果实发育的主要限制因子，管理上可通过早揭晚盖草苫、经常清洁薄膜、在温室后墙张挂反光幕等措施来增加光照度和延长光照时间。进入结果期后，随着果实的采收，及时打掉下部的病叶、老叶、黄叶，改善植株下部的通风透光条件，减轻病害的发生。

（2）水肥管理　冬春茬番茄前期放风量小，底墒充足，且在地膜覆盖条件下，耗水少，第一穗果膨大期一般不浇水，因为灌水会造成地温下降，空气湿度增大，易诱发病害。如果土壤水分不足，可选择坏天气刚过的晴暖天气，于上午浇 1 次水，水量不宜太大，且从膜下暗沟灌水。冬春茬番茄栽培，施基肥较多，第一穗果采收前可不追肥。缓苗后每周喷施 1 次叶面肥效果较好，可选用 0.2%～0.3%的磷酸二氢钾溶液。第二穗果长至核桃大小时，结合灌水进行第一次追肥，每亩追施磷酸二铵 15 千克、硫酸钾 10 千克或三元复合肥 25 千克。先将化肥在盆内溶解，随水流入沟内。以后气温升高，放风量增大，逐渐加大灌水量。一般 1 周左右灌 1 次水，并且要明暗沟交替进行。结合灌水，在第四穗果、第六穗果膨大时分别追 1 次肥。叶面追肥继续进行。有条件的结果期可增施 CO_2 气肥。

（3）植株调整　番茄植株长到一定高度不能直立生长，需及时吊绳缠蔓。在每行番茄上方南北向拉一条铁丝，每株番茄用一根尼龙绳，上端系在铁丝上，下端系一根 10 厘米左右的小竹棍插入土中。随着植株的生长，及时将主茎缠到尼龙绳上。温室冬春番茄的整枝方式主要以下几种。

① 单干整枝：除主干以外，所有侧枝全部摘除，留 3～4 穗果，在最后一个花序前留 2 片叶摘心。

② 多穗单干整枝法：每株留 8～9 穗果，2～3 穗成熟后，上部 8～9 穗已开花，即可摘心。摘心时花序前留 2 片叶，打杈去老叶，减少养分消耗。为降低植株高度，生长期间可植物喷施两次矮壮素。

③ 连续换头整枝：头 3 穗采用单干整枝，其余侧枝全部打掉，以免影响通风透光。第一穗果开始采收时，植株中上部选留 1 个健壮侧枝作结果枝，采用单干整枝再留 3 穗果。当第四穗果开始采收时，再按上述方法留枝作结果枝，上留 3 穗果摘心，其余侧枝留 1 片叶摘心。

（4）保花保果　冬春茬番茄花期难免遇低温、弱光、雨雪天气，授粉受精不良，导致落花落果，目前国内生产中多采用浓度为 25～50 毫升/升的对氯苯氧乙酸（番茄灵）和浓度为 20～30 毫克/升的番茄丰产剂 2 号等生长调节剂处理进行保花保果。根据 NY/T 5005—2001 的规定，无公害番茄生产中不应使用 2,4-D 保花保果。处理时温度较低时选用浓度上限，温度较高时则选用浓度下限。

此外，世界农业发达国家如以色列、荷兰等的温室番茄采用熊蜂授粉提高坐果率，取得了省工省力、优质高产的效果。经熊蜂授粉的番茄花，授粉充分，产生较多的种子，从而能够分泌促进果实生长的植物激素，使得番茄果柄自然膨大，不易脱落，生长速度快，增产幅度高达 15%～35%。同时可以改善番茄果实品质，一方面彻底解决了用生长素类化学物质促进坐果所带来的激素残留问题；另一方面使得番茄果实含糖量提高，口感好，果型匀整，商品果率提高。

（5）疏花疏果　为获得高产，并使果实整齐一致，提高商品质量，需要疏花疏果。大果型品种每穗留果 3～4 个，中型留 4～5 个。疏花疏果分两次进行，每一穗花大部分开放时，疏掉畸形花和开放较晚的小花；果实坐住后，再把发育不整齐、形状不标准的果疏掉。

5. 采收　番茄是以成熟果实为产品的蔬菜，果实成熟分为绿熟期、转色期、成熟期和完熟期四个时期，采收后需长途运输 1～2 天的，可在转色期采收，此期果实大部分呈白绿色，顶部变红，果实坚硬，耐运输，品质较好。采收后就近销售的，可在成熟期采收，此期果实 1/3 变红，果实未软化，营养价值较高，生食最佳，但不耐贮运。过去为提早上市，常采用乙烯利处理，对果实进行催熟。无公害番茄生产中为减少激素类化学物质的残留，提高果实的品质，不应采用生长调节剂进行催熟处理。

（二）塑料大棚秋延后栽培技术

塑料大棚秋延后番茄生产，气温由高逐渐降低，直至秋末冬初，棚内出现霜冻而终止生产，部分绿熟果实经过贮藏，还可再延长供应期约一个半月。

1. 选择适宜品种　根据秋番茄生长期的气候条件，应选择既耐热又耐低温、抗病毒病、丰产、耐贮的中晚熟品种，如毛粉 802、L402、双抗 2 号、佳红、强丰、中杂 4 号、中蔬 4 号、中蔬 5 号等。

2. 播种育苗　大棚秋番茄的适宜播期应根据当地早霜来临时间确定，一般单层塑料薄膜覆盖棚以霜前 110 天为播种适期。为防病毒病的发生，播前可将种子用 10% 的磷酸三钠溶液浸泡 20 分钟。苗床应设在地势高燥的地方，四周搭起 1 米高的小棚架，上覆旧塑料薄膜和遮阳网，起到避雨、遮光、降温作用。苗床周围要求通风良好，防止夜温过高，引起幼苗徒长。为防止伤根，需采用塑料营养钵等护根育苗，2 片子叶展开后及时分苗。

苗期水分管理始终保持见干见湿，满足幼苗对水分的要求，不要过分控水，否则易引起病毒病发生。为防止徒长，可在幼苗2～3片真叶展开时，喷施1000毫克/升的矮壮素1～2次。蚜虫是传播病毒病的主要媒介，秋番茄的育苗床周围可挂银灰色塑料条，驱避蚜虫，发现少数有蚜虫危害的植株应及时拔除深埋，同时根据蚜虫发生情况，定期喷药防治。秋番茄日历苗龄20～25天，具4片叶，株高15～20厘米时即可定植。

3. 定植 大棚秋延后番茄定植时仍处于高温、强光、多雨季节，故要做好遮阴防雨准备。及时修补棚膜破损处，棚顶挂遮阳网，平时保持棚顶遮阴，四周通风，形成一个凉爽的遮阳棚。定植前清除残株杂草，每亩撒施优质农家肥4000～5000千克，沟施过磷酸钙30千克，深翻细耙。选阴雨天或傍晚温度较低时定植。定植时按行距50厘米开沟摆苗，株距33厘米，每亩保苗3800株左右。株间点施磷酸二铵，每亩施25千克，肥土混合均匀，逐沟灌大水，水渗下后合垄。

4. 定植后的管理

（1）温光调节 栽培前期尽量加强通风，防止温度过高，如白天温度高于28℃应打开遮阴覆盖物。雨天盖严棚膜，防雨淋。进入9月以后，随着外界温度降低，需逐渐减少通风量和通风时间，同时撤掉棚顶的遮阴覆盖物，并把棚膜冲洗干净。10月以后，关闭风口，注意保温。

（2）水肥管理 定植水浇足后，及时中耕松土，不旱不浇水，进行蹲苗。第一穗果达核桃大小时，每亩随水冲施磷酸二铵15千克、硫酸钾10千克，同时叶面喷施0.3%磷酸二氢钾。以后根据植株长势进行追肥灌水，15天左右追1次肥，数量参照第一次。前期浇水可在傍晚时进行，有利于加大昼夜温差，防止植株徒长。

（3）植株调整 发现植株有徒长现象时，可喷施1000毫克/升的矮壮素，7天左右喷1次，可有效地控制茎叶徒长。秋番茄前期生长速度快，需及时插架、绑蔓。可用细竹竿插架，每株番茄插1根竹竿单排立架，中间用2道横杆连成整体，两排架之间再用横杆连成一体。随着植株的生长，应不断用塑料绳将植株固定在架杆上。也可采用尼龙绳吊蔓，方法同日光温室冬春茬番茄。大棚秋番茄多采用单干整枝，即主干上留3穗果，其余侧枝摘除，第三穗果开花后，花序前留2片叶摘心。生长过程中发现病毒病、晚疫病植株及时拔除。大棚秋番茄的保花保果和疏花疏果方法同温室冬春茬。

5. 果实的采收和贮藏 大棚秋番茄果实成熟后需及时采收上市，在棚内出现霜冻前一般只能采收成熟果50%左右，未成熟的果实在出现冻害前一次采收完毕。未熟果用纸箱装起来，置于10～13℃、空气相对湿度70%～80%条件下贮藏，5～7天翻动一次，挑选红果上市。

（三）小果型番茄设施栽培技术

小果型番茄，也称樱桃番茄、迷你番茄等，是茄科番茄属半栽培亚种中的变种，其基本形态特性与普通番茄相似。但其花序为单总状花序或复总状花序，单个果穗可着果十个至数十个，果小，果实有樱桃形、梨形、李形，单果质量仅10～30克，果色有红、黄、橙、粉红、紫等多种颜色。小型番茄多在设施内栽培，冬春季节常作为高档水果供应市场，经济价值远高于普通番茄。

1. 品种选择 目前市场上小番茄品种繁多，但品质差异很大。较受欢迎的有台湾农友公司的圣女、龙女、千禧、绝色绯娜及美味樱桃番茄等品种。

2. 育苗 小型番茄的育苗技术与普通番茄相似，但小型番茄种子细小，播种要更为精细。幼苗具2片真叶时分苗，分苗后的管理同普通番茄，当幼苗有7～8片真叶，苗龄70天左右时即可定植。

3. 定植 定植前深翻土地，每亩施有机肥5 000～7 000千克。小型番茄的无限生长型品种，一株可生长数十个花序，故宜稀植。做 1.5～2.0 米宽的平畦或小高畦，每畦栽两行，行距 80 厘米、株距 50 厘米，每亩栽 2 000～2 600 株。

4. 定植后的管理

（1）温光调节　定植后 1 周内闭棚保温，缓苗后要及时通风降温，白天 25～28 ℃，夜间 10～15 ℃。小型番茄耐高温，35 ℃ 的高温下仍可正常开花结果，但夜温不能太低，否则影响果实着色和果肉品质，所以生长期间应保证最低夜温不低于 10 ℃。白天室温超过 28 ℃时应及时通风降温，同时控制棚内湿度。弱光季节应采取各种措施进行增光补光。

（2）水肥管理　小型番茄的肥水管理侧重于"控"。大肥大水易使果实糖分降低，裂果增多，影响产量和品质。因此，肥料供应以基肥为主，基肥不足可在第三花序开花时开始追肥，基肥充足则于第五花序开花时开始追肥。追肥原则上每月一次，结合进行膜下灌水，每次每亩冲施三元复合肥 15～20 千克，同时结合喷施叶面肥。

（3）促进坐果　小型番茄自花授粉良好，不需要生长调节剂处理，但冬季设施栽培应加强辅助授粉措施，即在上午 8～10 时，用手指轻弹开花果穗或振动植株，每天一遍，使授粉充分，提高坐果率。同时严格控制温湿度，防止落花落果。有条件的也可引入熊蜂等昆虫辅助授粉。

（4）植株调整　小型番茄属无限生长类型，需搭架或吊绳。随着植株生长需连续多次绑蔓、缠蔓，使茎叶均匀地固定在架上。整枝方式多采用单干法，只保留主枝，摘除全部侧枝。小型番茄设施栽培，可收获数十穗果实，生育后期主枝长度达 2 米以上。为降低植株高度，改善设施内的通风透光条件，同时便于栽培管理，可采用横向引蔓的方法，或者采用盘条法，即下部果实采收后，打掉老叶，将吊绳放松，把下部的茎盘绕于地表。

4. 采收　小型番茄均在果实成熟时采收。由于植株上的不同果穗乃至同一果穗上的不同果实均是陆续生长、陆续成熟、陆续采收的，因此，采收较费工。采收时，应从果柄的离层处摘下，要注意保留其完整的萼片。对于黄果品种，由于其果实成熟后很快衰老劣变，故可在果实八成熟时采收。采收后分盒包装运输，同时注意保鲜。也可以进行整穗或半穗采收，分级包装。

（四）番茄常见生理障害及其防治

1. 脐腐病 又称蒂腐果、顶腐果，俗称"黑膏药""烂脐"，在番茄上发生较普遍，病果失去商品价值，发病重时损失很大。通常在花后 15 天左右，果实核桃大小时发生，随着果实的膨大病情加重。发病初期，在果实脐部出现暗绿色、水浸状斑点，后病斑扩大，褐色，变硬凹陷。病部后期常因腐生菌着生而出现黑色霉状物或粉红色霉状物。幼果一旦发生脐腐病，往往会提前变红。番茄脐腐果发生的原因目前尚未明确，多数人认为是果实缺钙所致。为防止脐腐病的发生，可采用如下措施：土壤中施入消石灰或过磷酸钙作基肥；追肥时要避免一次性施用氮肥过多而影响钙的吸收；定植后勤中耕，促进根系对钙的吸收；及时疏花疏果，减轻果实间对钙的争夺；坐果后 30 天内，是果实吸收钙的关键时期，此期间要保证钙的供应，可叶面喷施 1% 的过磷酸钙或 0.1% 氯化钙，能有效减轻脐腐病的发生。

2. 筋腐病 又称条腐果、带腐果，俗称"黑筋""乌心果"等。筋腐果明显有两种类型：一是褐变型筋腐果，在果实膨大期，果面上出现局部褐变，果面凹凸不平，果肉僵硬，甚至出现坏死斑块。切开果实，可看到果皮内维管束褐色条状坏死，不能食用。二是白变型筋腐果，在绿熟期至转色期发生，外观看果实着色不均，病部有蜡样光泽。切开果实，果肉呈"糠心"状，病果果肉硬化，品质差。番茄筋腐果病因至今尚有许多不明之处，但普遍认为番茄植株体内碳水化合物不足和碳/氮比值下降，引起代谢失调，致使维管束木质化，是导致褐变型筋腐果的直接原因。而白变型筋腐果主要是由于烟草花叶病毒（TMV）侵染所致。生产中可通过选用抗病品种，改善环境条件，提高管理水平，实行配方施肥等方法来防止筋腐病的发生。

3. 空洞果　典型的空洞果往往比正常果大而轻，从外表看带棱角，酷似"八角帽"。切开果实后，可以看到果肉与胎座之间缺少充足的胶状物和种子，而存在着明显的空腔。空洞果的形成是由于花期授粉受精不良或果实发育期养分不足造成的。生产中选择心室数多的品种，不易产生空洞果；同时生长期间加强肥水管理，使植株营养生长和生殖生长平衡发展，正确使用生长调节剂进行保花保果处理等措施均可防止空洞果的发生。

4. 裂果　番茄裂果使果实不耐贮运，开裂部位极易被病菌侵染，使果实失去商品价值。根据果实开裂部位和原因可分为放射状开裂、同心圆状开裂和条纹状开裂。裂果的主要原因是高温、强光、土壤干旱等因素，使果实生长缓慢，如突然灌大水，果肉细胞还可以吸水膨大，而果皮细胞因老化已失去与果肉同步膨大的能力而开裂。为防止裂果的发生，除选择不易开裂的品种外，管理上应注意均匀供水，避免忽干忽湿，特别应防止久旱后过湿。植株调整时，把花序安排在架内侧，靠自身叶片遮光，避免阳光直射果面而造成果皮老化。

5. 畸形果　又称番茄变形果，尤以番茄设施栽培中发生较多。番茄畸形果多是由于环境条件不适宜而致。扁圆果、椭圆果、偏心果、菊形果、双（多）心果产生的直接原因是在花芽分化及花芽发育时，肥水过于充足，超过了正常分化与发育所需的数量，致使番茄心室数量增多，而生长又不整齐，从而产生上述畸形果。使用生长调节剂蘸花时，浓度过高也易形成尖顶果。为防止畸形果的发生，应加强育苗期的温光水肥管理，特别是在花芽分化期，尤其是第一花序分化期，即发芽后 25～30 天、2～3 片真叶时，要防止温度过高或过低，开花结果期合理施肥，使花器得到正常生长发育所需营养物质，防止分化出多心皮及形成带状扁形花而发育成畸形果。另外，使用生长调节剂保花保果时，要严格掌握浓度和处理时期与方法。

6. 日烧果 日烧果多在果实膨大期绿果的肩部向阳面出现，果实被灼部呈现大块褪绿变白的病斑，表面有光泽，似透明革质状，并出现凹陷。后病部稍变黄，表面有时出现皱纹，干缩变硬，果肉坏死，变成褐色块状。日烧的原因是果实受阳光直射部分果皮温度过高而灼伤。番茄定植过稀、整枝打杈过重、摘叶过多，是造成日烧果的重要原因。天气干旱、土壤缺水或雨后暴晴，都易加重日烧果。为防止日烧，番茄定植时需合理密植，适时适度地整枝、打杈，果实上方应留有叶片遮光，搭架时，尽量将果穗安排在番茄架的内侧，使果实不受阳光直射。

7. 生理性卷叶 主要表现为番茄小叶纵向向上卷曲，严重者整株所有叶片均卷成筒状。卷叶不仅影响蒸腾作用和气体交换，还严重影响着光合作用的正常进行。因此，轻度卷叶会使番茄果实变小，重度卷叶导致坐果率降低，果实畸形，产量锐减。番茄生理性卷叶是植株在干旱缺水条件下，为减少蒸腾面积而引发的一种生理性保护作用。另外，过度整枝也可引起下部叶片大量卷叶。为防止生理性卷叶的发生，生产中应均匀灌水，避免土壤过干过湿，设施栽培中要及时放风，避免温度过高。生理性缺水所致卷叶发生后，及时降温、灌水，短时间就会缓解。同时，注意适时、适度整枝打杈。

（五）日光温室无公害番茄套种苦瓜高效栽培技术

日光温室冬春茬番茄套种苦瓜高效栽培技术模式，提高了土地的利用率和经济效益，番茄和苦瓜间作套种相得益彰，番茄收获结束正是苦瓜伸蔓坐果的时期，共生期约有2个月。

1. 日光温室无公害番茄栽培技术 同本章节中日光温室冬春茬番茄栽培技术，此处不再赘述。

2. 无公害苦瓜高产高效栽培技术

（1）育苗 同上一章节中的苦瓜栽培技术的育苗部分。

（2）定植　3月下旬番茄搭架结束，在每条畦番茄的中间（温室的前坡中间位置）定植两株（在两个番茄间），每亩栽200～300棵。

（3）田间管理　缓苗期棚室温度白天控制在25℃左右，夜间不低于15℃，棚内空气相对湿度保持在60％～80％。缓苗后选晴天上午浇一次透水，然后蹲苗，根瓜坐住后结束蹲苗，浇一次透水，以后5～10天浇水。吊架后主蔓摘心，一般每株留4个侧蔓结果。番茄采收结束后园内及时清理干净。在苦瓜出现雄花时进行第一次追肥，见果后及时进行第二次追肥。每采收两次后一定要追施一次人粪尿或叶面肥。追肥后及时浇水，同时注意做好棚内通风工作，防止棚内温度过高、湿度过大，苦瓜上架后及时做好吊架、绑蔓等工作。

（4）病虫害防治

① 农业防治：选用抗病品种，严格种子消毒，培育适龄壮苗，创造适宜的生育环境，控制好温、湿度，肥水管理及时摘除病叶，清洁田园，将残枝败叶，田间杂草集中进行无害化处理，与非葫芦科作物实行三年以上轮作。

② 物理防治：在棚室防风口用防虫网封闭；在棚内也可悬挂黄板诱杀蚜虫、夜蛾、瓜绢螟和瓜实蝇。

③ 化学防治：使用药剂应符合GB 4285和GB/T 8321的要求，严格控制农药使用浓度及安全隔离期。可用25％甲霜灵可湿性粉剂1 000倍液，77％可杀得可湿性粉剂600倍液，58％甲霜灵锰锌可湿性粉剂500倍液。以上药剂交替使用效果好。

（5）采收　适时采收，及时摘除畸形瓜，及早采收根瓜。当苦瓜长到表面瘤状突起饱满，果皮由暗绿变为鲜绿有光泽时采收。

第二节　茄　子

茄子，别名落苏，茄科茄属一年生草本植物。公元3～4世纪传入我国，在我国已有 1 000 多年栽培历史，通常认为我国是茄子的第二起源地。茄子适应性强，栽培容易，产量高，营养丰富，又适于加工，是我国人民喜食的蔬菜之一，在我国南北方普遍栽培，近年来设施茄子栽培面积逐渐扩大。

一、品种类型

根据茄子果型、株型的不同，可把茄子的栽培种分为 3 个变种。

（一）圆茄

植株高大，茎直立粗壮，叶片大而肥厚，生长旺盛，果实为球形、扁球形或椭球形，果色有紫黑色、紫红色、绿色、绿白色等。多为中晚熟品种，肉质较紧密，单果质量较大。圆茄属北方生态型，适应于气候温暖干燥、阳光充足的夏季大陆性气候，多作露地栽培品种，如北京六叶茄、北京七叶茄、天津大民茄、山东大红袍、河南安阳大圆茄、西安大圆茄、辽茄1号等。

（二）长茄

植株高度及长势中等，叶较小而狭长，分枝较多。果实细长棒状，有的品种可长达 30 厘米以上。果皮较薄，肉质松软，种子较少。果实有紫色、青绿色、白色等。单株结果数多，单果质量小，以中早熟品种为多，是我国茄子的主要类型。长茄属南方生态型，喜温暖湿润多阴天的气候条件，比较适合于设施栽培。优良品种较多，如南京紫线茄、杭州红茄、鹰嘴长茄、徐州长茄、苏崎茄、吉林羊角茄、大连黑长茄、沈阳柳条青、北京线茄等。

（三）矮茄

又称卵茄。植株低矮，茎叶细小，分枝多，长势中等或较弱。着果节位较低，多为早熟品种，产量低。此类茄子适应性较强，露地栽培和设施栽培均可。果皮较厚，种子较多，易老，品质较差。果实小，果形多呈卵球形或灯泡形，果色有紫色、白色和绿色，如北京灯泡茄、天津牛心茄、荷包茄、西安绿茄等。

二、生物学特性

(一)形态特征

1. 根　茄子根系发达，主根入土可达 1.3～1.7 米，横向伸长可达 1.0～1.3 米，主要根群分布在 33 厘米土层中；根系木质化较早，不定根发生能力较弱，与番茄比较，根系再生能力差，不宜多次移植；根系对氧要求严格，土壤板结影响根系发育，土壤积水能使根系窒息，地上部叶片萎蔫枯死。

2. 茎　茎直立、粗壮、木质化，在热带是灌木状直立多年生草本植物。分枝习性为假二杈分枝：即主茎生长到一定节位后，顶芽变为花芽，花芽下的两个侧芽生成一对同样大小的分枝，为第一次分枝。分枝着生 2～3 片叶后，顶端又形成花芽和一对分枝，循环往复无限生长。早熟品种主茎长 5 片叶顶芽形成花芽，晚熟种 9 片叶形成花芽。茄子的分枝结果习性很有规律，分枝按 $N=2x$（N 为分枝数，x 为分枝级数）的理论数值不断向上生长。每一次分枝结一次果实，按果实出现的先后顺序，习惯上称之为门茄、对茄、"四母斗""八面风""满天星"等，实际生产上，一般只有 1～3 次分枝比较规律。由于果实及种子的发育，特别是下层果实采收不及时，上层分枝的生长势减弱，分枝数会相应减少。

3. 叶　单叶互生，叶椭圆形或长椭圆形。茄子叶片（包括子叶在内）形态的变化与品种的株型有关：株型紧凑，生长高大的一般叶片较狭；而生长稍矮，株型开张的叶片较宽。茎、叶颜色也与果色有关，紫茄品种的嫩枝及叶柄带紫色，白茄和青茄品种呈绿色。

4. 花　两性花，花瓣 5～6 片，基部合成筒状，白色或紫色。开花时，花药顶孔开裂散出花粉，花萼宿存，上具硬刺。根据花柱的长短，可分为长柱花、中柱花及短柱花。长柱花的花柱高出花药，花大色深，为健全花，能正常授粉，有结实能力。中柱花的柱头与花药平齐，能正常授粉结实，但授粉率低。短柱花的柱头低于花药，花小，花梗细，为不健全花，一般不能正常结实。茄子花一般单生，但也有 2～3 朵簇生的。簇生花通常只有基部一朵完全花坐果，其他花往往脱落，但也有同时着生几个果的品种。

茄子在长出 3～4 片叶时进行花芽分化，分苗时要避开此时期。茄子一般是自花授粉，晴天 7～10 时授粉，阴天下午才授粉；茄子花寿命较长，花期可持续 3～4 天，夜间也不闭花，从开花前 1 天到花后 3 天内都具有受精能力，所以日光温室冬春茬茄子虽然有时温度很低，但仍能坐果。

5. 果实 浆果，果皮、胎座的海绵组织为主要食用部分。果实形状、颜色因品种而异。圆茄品种果肉致密，细胞排列呈紧密结构，间隙小；长茄品种果肉细胞排列呈松散状态，质地细腻。

6. 种子 茄子种子发育较晚，一般在果实将近成熟时才迅速发育和成熟。种子为扁平肾形，黄色，新种子有光泽。千粒重 4～5 克，种子寿命 4～5 年，使用年限 2～3 年。

（二）生长发育周期

1. 发芽期 从种子萌动至第一片真叶出现为止，需 15～20 天，播种后注意提高地温。

2. 幼苗期 从第一片真叶出现至门茄现蕾，需 50～70 天。幼苗于 3～4 片真叶时开始花芽分化，花芽分化之前，幼苗以营养生长为主，生长量很小；从花芽分化开始转入生殖生长和营养生长同时进行，这一阶段幼苗生长量大。分苗应在花芽分化前进行，以扩大营养面积，保证幼苗迅速生长和花器官的正常分化。

3. 开花着果期 从门茄现蕾至门茄"瞪眼"，需 10～15 天。茄子果实基部近萼片处生长较快，此处的果实表面开始因萼片遮光不见光照呈白色，等长出萼片外见光 2～3 天后着色。其白色部分越宽，表示果实生长越快，这一部分称"茄眼睛"。在开始出现白色部分时即为"瞪眼"开始，当白色部分很少时，表明果实已达到商品成熟期了。开花着果期为营养生长为主向生殖生长为主的过渡期，此期适当控制水分，可促进果实发育。

4. 结果期 从门茄"瞪眼"到拉秧为结果期。门茄"瞪眼"以后，茎叶和果实同时生长，光合产物主要向果实输送，茎叶得到的同化物很少。这时要注意加强肥水管理，促进茎叶生长和果实膨大；对茄与"四母斗"结果期，植株处于旺盛生长期，对产量影响很大，尤其是设施栽培，这一时期是产量和产值的主要形成期；"八面风"结果期，果数多，但较小，产量开始下降。每层果实发育过程中都要经历现蕾、露瓣、开花、"瞪眼"、果实商品成熟到生理成熟几个阶段。

（三）对环境的要求

1. 温度 茄子原产于热带，喜较高温度，是果菜类中特别耐高温的蔬菜。生长发育适温为 22～30 ℃。温度低于 20 ℃，植株生长缓慢，果实发育受阻；15 ℃以下引起落花落果；10 ℃以下停止生长。种子萌发的适宜温度为 25～30 ℃，根系生长的最适温度为 28 ℃。花芽分化适宜温度为日温 20～25 ℃，夜温 15～20 ℃。在一定温度范围内，温度稍低，花芽分化稍有迟延，但长柱花多；反之，高温下花芽分化提前，但中柱花和短柱花比例增加，尤其在高夜温下（高于 20 ℃）影响更为显著，落花严重。

2. 光照 茄子对光照条件要求较高，光饱和点为 40 000 勒克斯，补偿点为 2 000 勒克斯。光照弱或光照时数短，光合作用能力降低，植株长势弱，花的质量降低（短柱花增多），果实着色不良，故日光温室栽培茄子要合理稀植，及时整枝，以充分利用光能。

3. 水分 茄子根系发达，较耐旱，但因枝叶繁茂，开花结果多，故需水量大，适宜土壤湿度为田间最大持水量的 70%～80%，适宜空气相对湿度为 70%～80%，空气湿度过高易引发病害。茄子对水分的要求，不同生育阶段有差异。门茄坐住以前需水量较小，盛果期需水量大，采收后期需水少。日光温室茄子栽培，温度与水分往往发生矛盾：为保持地温，不能大量灌水，但水分还要满足植株生长发育需求。水分不足，植株易老化，短柱花增多，果肉坚实，果面粗糙。茄子根系不耐涝，土壤过湿，易沤根。

4. 土壤营养 茄子对土壤适应性较广，各种土壤都能栽培，适宜土壤 pH 为 $6.8\sim7.3$。但以在疏松肥沃、保水保肥力强的壤土上生长最好。茄子生长量大，产量高，需肥量大，尤以氮肥最多，其次是钾肥和磷肥。整个生长期施肥原则是前期施氮肥和磷肥，后期施氮肥和钾肥，氮肥不足，会造成花发育不良，短柱花增多，影响产量。一般每生产 1 000 千克茄子，需吸收纯氮（N）$3.0\sim4.0$ 千克、纯磷（P_2O_5）$0.7\sim1.0$ 千克，纯钾（K_2O）$4.0\sim6.6$ 千克。

三、栽培季节和茬次安排

茄子的生长期和结果期长，全年露地栽培的茬次少，北方地区多为一年一茬，早春利用设施育苗，终霜后定植，早霜来临时拉秧。长江流域茄子多在清明后定植，夏秋季节采收，由于茄子耐热性较强，夏季供应时间较长，成为许多地方填补夏秋淡季的重要蔬菜。华南无霜区，一年四季均可露地栽培。云贵高原由于低纬度、高海拔的地形特点，无炎热夏季，适合茄子栽培季节长，许多地方可以越冬栽培。

近年来，北方地区设施茄子栽培发展很快，在一些地区已形成了规模化的温室、大棚茄子生产，取得了较高的经济效益。

四、栽培技术

（一）日光温室冬春茬栽培技术

1. 品种选择 一方面要考虑温室冬春季生产应选择耐低温、耐弱光，抗病性强的品种，另一方面要了解销往地区的消费习惯。目前主要以长茄和卵茄为主，如西安绿茄、苏崎茄、鹰嘴茄、鲁茄 1 号、辽茄 3 号、辽茄 4 号等。

2. 嫁接育苗 茄子易受黄萎病、青枯病、立枯病、根结线虫病等土传病害的危害，不能重茬，需 3 年以轮作。采用嫁接育苗，不但可以有效地防治黄萎病等土传病害，使连作成为现实，而且由于根系强大，吸收水肥能力强，植株生长旺盛，具有提高产量、品质，延长采收期的作用。

（1）砧木选择 目前生产中使用的砧木主要从野生茄子中筛选出来的高抗或免疫品种，如托鲁巴姆、CRP、耐病 FV、赤茄等，尤以托鲁巴姆应用最为广泛。

（2）播种 托鲁巴姆不易发芽，可用 150～200 毫克/升的赤霉素溶液浸种 48 小时，于日温 35 ℃，夜温 15 ℃的条件下，8～10 天可发芽。播种时由于托鲁巴姆种子拱土能力差，覆盖 2～3 毫米厚的药土即可，二叶一心时移入营养钵中。当砧木苗子叶展平，真叶显露时播接穗。茄子种子发芽较慢，可采用变温催芽的方法，即一天中 25～30 ℃ 8 小时，10～20 ℃ 16 小时交替进行，使发芽整齐，5～6 天即可出齐。茄子黄萎病在苗期就能侵入到植株体内，潜伏到门茄"瞪眼"期发病，播种接穗时必须进行土壤消毒，并用塑料薄膜将育苗营养土与下部土壤隔开，防止病菌侵入。

（3）嫁接 砧木具 8～9 叶，接穗具 6～7 叶，茎粗达 0.5 厘米开始嫁接。生产中多采用劈接法，即用刀片在砧木 2 片真叶以上平切，去掉上部，然后在砧木茎中间垂直切入 1.0～1.2 厘米深。而后迅速将接穗苗拔起，在接穗半木质化处（幼苗上 2 厘米左右的变色带，即半木质化处），两侧以 30°向下斜切，形成长 1 厘米的楔形，将削好的接穗插入切口中，用嫁接夹固定好。

（4）接后管理 利用小拱棚保温保湿并遮光，3 天后逐渐见光。嫁接 10～12 天后愈合，伤口愈合后逐渐通风炼苗。茄苗现大蕾时定植。

3. 整地定植 日光温室冬春茬茄子采收期长，需施入大量农家肥作底肥以保证高产，每亩可施入农家肥 15 000 千克，精细整地，按大行距 60 厘米、小行距 50 厘米起垄，定植时垄上开深沟，每沟撒磷酸二铵 100 克、硫酸钾 100 克，肥土混合均匀。按 30~40 厘米株距摆苗，覆少量土，浇透水后合垄。栽时掌握好深度，以土坨上表面低于垄面 2 厘米为宜。定植后覆地膜并引苗出膜外。

4. 定植后管理 定植后正值外界严寒天气，管理上要以保温、增光为主，配合肥水管理、植株调整争取提早采收，增加前期产量。

（1）温光调节 定植后密闭保温，促进缓苗。有条件的加盖小拱棚、二层幕，创造高温高湿条件。定植 1 周后，新叶开始生长，标志已缓苗。缓苗后白天超过 30 ℃放风，温度降到 25 ℃以下缩小风口，20 ℃时关闭风口。白天最低温度保持在 20 ℃以上，夜温最好能保持 15 ℃左右，凌晨不低于 10 ℃。寒流来时，室内要有辅助加温设备。开花结果期采用四段变温管理，即上午25~28 ℃，下午 20~24 ℃，前半夜温度不低于 16 ℃，后半夜温度控制在 10~15 ℃。夜温过高，呼吸旺盛，碳水化合物消耗大，果实生长缓慢，甚至成为僵果，产量下降。茄子喜光，定植时正是光照最弱的季节，应采取各种措施增光补光，如在温室后墙张挂反光幕，增加光照强度，提高地温和气温。张挂反光幕后，使温室后部温度升高，光照加强，靠近反光幕的秧苗易出现萎蔫现象，要及时补充水分。

（2）水肥管理 定植水浇足后，一般在门茄坐果前可不浇水，门茄膨大后开始浇水，浇水应实行膜下暗灌，以降低空气湿度。浇水必须根据天气预报，保证浇水后保持 2 天以上晴天，并在上午 10 时前浇完。同时上午升温至 30 ℃时放风，降至 26 ℃后闷棚升温后再放风，通过升温尽可能地将水分蒸发成气体放出去。门茄膨大时开始追肥，每亩施三元复合肥 25 千克，溶解后随水冲施。对茄采收后每亩再追施磷酸二铵 15 千克、硫酸钾 10 千克。整个生育期间可每周喷施 1 次磷酸二氢钾等叶面肥。冬春茬茄子生产中施用 CO_2 气肥，有明显的增产效果。

（3）植株调整　冬春茬茄子生产的障碍是湿度大，地温低，植株高大，互相遮光。及时整枝不但可以降低湿度，提高地温，同时也是调整秧果关系的重要措施。定植初期，保证有 4 片功能叶。门茄开花后，花蕾下面留 1 片叶，再下面的叶片全部打掉；门茄采收后，在对茄下留 1 片叶，再打掉下边的叶片。以后根据植株的长势和郁闭程度，保证地面多少有些透亮。生长过程中随时去除砧木的萌蘖。日光温室冬春茬茄子多采用双干整枝，即在对茄"瞪眼"后，在着生果实的侧枝上，果上留 2 片叶摘心，放开未结枝，反复处理"四母斗""八面风"的分枝，只留两个枝干生长，每株留 5～8 个果后在幼果上留 2 片叶摘心。生长后期，植株较高大，可利用尼龙绳吊秧，将枝条固定。

（4）保花保果　日光温室茄子冬春季生产，室内温度低，光照弱，果实不易坐住。提高坐果率的根本措施是加强管理，创造适宜植株生长的环境条件。此外，可采用生长调节剂处理，开花期选用 30～40 毫克/升的番茄灵喷花或涂抹花萼和花瓣。生长调节剂处理后的花瓣不易脱落，对果实着色有影响，且容易从花瓣处感染灰霉病，应在果实膨大后摘除。

5. 采收　茄子达到商品成熟度的标准是"茄眼睛"（萼片下的一条浅色带）消失，说明果实生长减慢，可以采收。采收时要用剪刀剪下果实，防止撕裂枝条。日光温室冬春茬茄子上市期，有较长一段时间处在寒冷季节。为保持产品鲜嫩，最好每个茄子都用纸包起来，装在筐中或箱中，四周衬上薄膜，运输时用棉被保温。不宜在中午气温高时采收，因为此时采的茄子含水量低，品质差。

（二）茄子再生栽培技术要点

设施茄子进入高温季节，病虫为害严重，果实商品性差，产量下降。利用茄子的潜伏芽越夏，进行割茬再生栽培，供应秋冬市场。一次育苗，二茬生产，节省了育苗和嫁接所耗的大量人工和费用，通过加强管理，可有效地改善植株的生育状况和果实的商品性，获得较好的经济效益。

1. 剪枝再生　7月中下旬将选择温室、大棚内未明显衰败的茄子植株，将茄子主干保留10厘米左右剪掉，上部枝叶全部除去。嫁接的茄子可在接口上方10厘米处剪除。

2. 涂药防病　剪除主干后，立即用50％多菌灵可湿性粉剂100克、农用链霉素100克、疫霜灵100克，加0.1％高锰酸钾溶液调成糊状，涂抹于伤口处防止病菌侵入。同时，清理田园，喷药防病虫。

3. 重施肥水　剪枝后及时中耕松土，每亩施充分腐熟的农家肥3 000千克、尿素20千克、过磷酸钙30千克。在栽培行间挖沟深施，并经常浇水促使新叶萌发。

4. 田间管理　剪枝10天后即可发出新枝，每株留1～2枝，每枝留1～2果即可。新枝大约在12～15厘米长时现花蕾，再过15～20天即可采收。

嫁接的茄子生长势更强，适当稀植后，可进行多年生栽培，即一年剪枝2次，连续栽培2～3年。

第三节　辣　　椒

辣椒，茄科辣椒属植物，别名番椒、海椒、秦椒、辣茄等。原产于南美洲的热带草原，明朝末年传入我国，至今已有300多年的栽培历史。辣椒在我国南北普遍栽培，南方以辣椒为主，北方以甜椒为主。辣椒果实中含有丰富的蛋白质、糖、有机酸、维生素及钙、磷、铁等矿物质，其中维生素C含量极高，胡萝卜素含量也较高，还含有辣椒素，能增进食欲、帮助消化。辣椒的嫩果和老果均可食用，且食法多样，除鲜食外，还可加工成干椒、辣酱、辣椒油和辣椒粉等产品。

一、品种类型

辣椒的栽培种为一年生辣椒，根据果型大小又分为灯笼椒、长辣椒、簇生椒、圆锥椒和樱桃椒5个变种，其中灯笼椒、长辣椒和簇生椒栽培面积较大。

(一)灯笼椒

植株粗壮高大，叶片肥厚，椭圆形或卵圆形，花大果大，果基部凹陷。果实呈扁圆形、圆形或圆筒形。色红或黄，味甜、稍辣或不辣。

(二)长辣椒

植株矮小至高大，分枝性强，叶片较小或中等，果实多下垂，长角形，先端尖锐，常弯曲，辣味强。多为中早熟种，按果实的长度又可分为牛角椒、羊角椒、线辣椒3个品种群，其中线辣椒果实较长，辣味很强，可作干椒用。

(三)簇生椒

植株低矮丛生，茎叶细小开张，果实簇生、向上生长。果色深红，果肉薄，辣味极强，多作干椒栽培。耐热，抗病毒能力强。

二、生物学特性

(一)形态特征

1. 根　辣椒根系分布较浅，初生根垂直向下伸长，经育苗移栽，主根被切断，发生较多侧根，主要根群分布在10~20厘米土层中。辣椒的侧根着生在主根两侧，与子叶方向一致，排列整齐，俗称"两撇胡"。根系发育弱，再生能力差，根量少，茎基部不能发生不定根，栽培中最好护根育苗。根系对氧要求严格，不耐旱，又怕涝，喜疏松肥沃、透气性良好的土壤。

2. 茎　辣椒茎直立生长，腋芽萌发力较弱，株冠较小，适于密植。主茎长到一定节数顶芽变成花芽，与顶芽相邻的 2～3 个侧芽萌发形成二杈或三杈分枝，分杈处都着生一朵花。主茎基部各节叶腋均可抽生侧枝，但开花结果较晚，应及时摘除，减少养分消耗。在夜温低，生育缓慢，幼苗营养状况良好时分化成三杈的居多，反之二杈较多。

辣椒的分枝结果习性很有规律，可分为无限分枝与有限分枝两种类型。无限分枝型植株高大，生长健壮，主茎长到 7～15 片叶时，顶端现蕾，开始分枝，果实着生在分杈处，每个侧枝上又形成花芽和杈状分枝，生长到上层后，由于果实生长发育的影响，分枝规律有所改变，或枝条强弱不等，绝大多数品种属此类型。有限分枝型植株矮小，主茎长到一定节位后，顶部发生花簇封顶，植株顶部结出多数果实。

3. 叶　单叶互生，卵圆形或长卵圆形，全缘，叶端尖，叶片可以食用。

4. 花　完全花，花较小，花冠白色。与茄子类似，营养不良时短柱花增多，落花率也增高。辣椒的花芽分化在 4 叶期，因此，育苗时应在 4 叶期以前分苗。辣椒属常自交作物，天然杂交率 10% 左右。

5. 果实　浆果，汁液少，果皮与胎座组织分离，形成较大空腔。果形有灯笼形、方形、羊角形、牛角形、圆锥形等。成熟果实多为红色或黄色，少数为紫色、橙色或咖啡色。五色椒是由于一簇果实的成熟度不同而表现出绿、黄、红、紫等各种颜色。

6. 种子　种子扁平肾形，表面稍皱，浅黄色，有辣味。千粒重 5.0～6.0 克。

(二) 对环境条件的要求

1. 温度　辣椒对温度要求苛刻，喜温不耐寒，又忌高温曝晒。发芽适温为 25 ℃，高于 35 ℃ 或低于 15 ℃ 不易发芽。幼苗对温度要求严格，育苗期间必须满足适宜温度，以日温 27～28 ℃，夜温 18～20 ℃ 比较适合，对茎叶生长和花芽分化都有利。开花结果期适温为日温 25～28 ℃，夜温 15～20 ℃，温度低于 10 ℃不能开花，已坐住的幼果也不易膨大还容易出现畸形果。温度低于 15 ℃受精不良，容易落花；温度高于 35 ℃，花器官发育不全或柱头干枯不能受精而落花。温度过高还易诱发病毒病和果实日烧病。土壤温度过高，对根系发育不利。

2. 光照　辣椒对光照要求不严格，光饱和点约 30 000 勒克斯，光补偿点为 1 500 勒克斯，与其他果菜类蔬菜相比，属耐弱光作物，超过光饱和点，反而会因加强光呼吸而消耗更多养分。所以北方炎夏季节栽培辣椒采取适当的遮光措施能收到较好效果。辣椒对光周期要求不严，光照时间长短对花芽分化和开花无显著影响，10～12 小时短日照和适度的光强能促进花芽分化和发育。辣椒属嫌光性种子，自然光对发芽有一定的抑制作用，所以催芽宜在黑暗条件下进行。

3. 水分　辣椒既不耐旱也不耐涝，其单株需水量并不太多，但因根系不发达，必须经常供给水分，并保持土壤较好的通透性。在气温和地温适宜的条件下，辣椒花芽分化和坐果对土壤水分的要求，以土壤含水量相当于田间最大持水量的 55% 最好。干旱易诱发病毒病，淹水数小时，植株便会萎蔫死亡。对空气相对湿度的要求以 80% 为宜，过湿易引发病害；空气干燥，又严重影响坐果率。

4. 土壤与营养　辣椒根系对氧要求严格，因此要求土质疏松、通透性好的土壤，切忌低洼地栽培。对土壤酸碱度要求不严，pH6.2～8.5 范围内都能适应。辣椒需肥量大，不耐贫瘠，但耐肥力又较差，因此在温室栽培中，一次性施肥量不宜过多，否则易发生各种生理障害。特别在施氮肥时要谨防氨气中毒而引起落叶。

三、栽培季节与茬次安排

辣椒露地栽培多于冬春季在设施内育苗，终霜后定植。华南地区一般在 12 月至翌年 1 月育苗，2～3 月定植。长江中下游地区多于 11～12 月育苗，3～4 月定植。北方地区则于 2～4 月育苗，4～5 月定植。北方地区辣椒定植后很快进入高温季节，阳光直射地面，对辣椒生长发育极为不利，利用地膜、小拱棚等简易设施，提早定植，使植株在高温季节来临前封垄，是露地辣椒栽培获得高产的主要措施。近年来，长江中下游地区和北方地区利用塑料大棚、日光温室等保护地设施，可以周年生产和供应新鲜的辣椒产品。早春设施内辣椒定植后可间套种一季苋菜或其他低矮叶菜，既能提高土地利用率又增加提高经济效益，还有利于辣椒幼苗的生长。

四、栽培技术

（一）塑料大棚全年一大茬栽培技术

辣椒塑料大棚栽培，可于冬季在日光温室中育苗，春季终霜前 1 个月定植，由于环境条件适宜，对辣椒的生长发育有利，经越夏一直采收到秋末冬初棚内出现霜冻为止，产品再经过一段时间的贮藏，供应期可大幅度延长。

1. 品种选择 辣椒对光照要求不严格，只要温度能满足要求，很多品种都可栽培，主要根据市场需要选择品种。大果型品种可选用辽椒 4 号、农乐、中椒 2 号、牟椒 1 号、海花 3 号、苏椒 5 号、甜杂 2 号、茄门等品种。尖椒品种可选择湘研 1 号、湘研 3 号、保加利亚尖椒、沈椒 3 号等品种。

2. 育苗 塑料大棚辣椒早春育苗，可在温室内温光条件较好的地段设置育苗温床，上设小拱棚，昼揭夜盖，以提高苗床温度。播种前先将种子用清水浸 6～8 小时，再用 1‰的硫酸铜溶液浸 5 分钟，取出用清水冲洗干净，对防治炭疽病和疮痂病效果较好。种子置于 25～30 ℃的黑暗条件下，4～5 小时翻动一次，3～5 天即可出芽。每平方米苗床播种量 20 克左右。1～2 片真叶时抓紧分苗，辣椒最好采取容器育苗。定植前 10～15 克开始加大通风，降温炼苗，日温15～20℃、夜温5～10℃。一般日历苗龄80～100天，门椒现大蕾时即可定植。

3. 整地定植 定植前20～25天扣棚升温。每亩先撒施优质农家肥3 000千克，深翻30厘米，使肥土掺匀、耙平。按1米行距开施肥沟，每亩再沟施农家肥2 000千克、三元复合肥25千克、过磷酸钙30千克。按大行距60厘米、小行距40厘米起垄，小行上扣地膜。

当10厘米土温稳定在12℃以上，气温稳定通过5℃以上时方可定植。如有多层覆盖条件，可提早10天左右定植。设施内栽培的辣椒，由于环境条件适宜，生长旺盛，植株较高大，宜采用单株定植。定植时在垄上按株距25厘米开穴，逐穴浇定植水，水渗下后摆苗，每穴一株。深度以土坨表面与垄面相平为宜。摆苗时注意使子叶方向（即两排侧根方向）与垄向垂直，这样对根系发育有利。每亩栽苗5 000株左右。

4. 定植后的管理

（1）温光调节 定植后1周内不需通风，创造棚内高温、高湿的条件以促进缓苗。缓苗后日温保持在25～30℃，高于30℃时打开风口通风，低于25℃闭风；夜温18～20℃，最低不能低于15℃。春季听好天气预报，如寒流来临，应及时加盖二层幕、小拱棚或采取临时加温措施，防止低温冷害。以后随着外界气温的升高，应注意适当延长通风时间，加大通风量，把温度控制在适温范围内。当外界最低温度稳定在15℃以上时，可昼夜通风。进入7月以后，把四周棚膜全部揭开，保留棚顶薄膜，并在棚顶内部挂遮阳网，起到遮阳、降温、防雨的作用。8月下旬以后，撤掉遮阳网并清洗棚膜，并随着外温的下降逐渐减少通风量。9月中旬以后，夜间注意保温，白天加强通风。早霜来临期要加强防寒保温，尽量使采收期向后延长。

（2）水肥管理 辣椒生育期长、产量高，必须保证充足的水分和养分供应。定植时由于地温偏低，只浇了少量定植水，缓苗后可浇 1 次缓苗水，这次水量可稍大些，以后一直到坐果前不需再浇水，进入蹲苗期。门椒采收后，应经常浇水保持土壤湿润。防止出现过度干旱后骤然浇水，否则易发生落花、落果和落叶，俗称"三落"。一般结果前期 7 天左右浇 1 次水，结果盛期 4～5天浇 1 次水。浇水宜在晴天上午进行，最好采用滴灌或膜下暗灌，以防棚内湿度过高。辣椒喜肥又不耐肥，营养不足或营养过剩都易引起落花、落果，因此，追肥应以少量多次为原则。一般基肥比较充足的情况下，门椒坐果前可以满足需要，当门椒长到3 厘米长时，可结合浇水进行第一次追肥，每亩随水冲施尿素12.5 千克、硫酸钾 10 千克。此后进入盛果期，根据植株长势和结果情况，可追施化肥或腐熟有机肥 1～2 次。

（3）植株调整　塑料大棚辣椒栽培密度较大，前期生长量小，尚可适应，进入盛果期后，温光条件优越，肥水充足，枝叶繁茂，影响通风透光。基部侧枝尽早抹去，老、黄、病叶及时摘除，如密度过大，在对椒上发出的两杈中留一杈去一杈，进行双干整枝。如植株过于高大，后期需吊绳防倒伏。辣椒花朵小、花梗短，生长调节剂保花处理操作困难，因此，生产上很少应用。栽培过程中只要加强大棚内温度、光照和空气湿度的调控，可以有效地防止落花落果。

（4）剪枝再生　与茄子类似，辣椒也可以剪枝再生。进入 8月以后，结果部位上升，生长处于缓慢状态，出现歇伏现象，可在"四母斗"结果部位下端缩剪侧枝，追肥浇水，促进新枝发生，形成第二个产量高峰。新形成的枝条结果率高，果实大，品质好，采收期延长。

5. 采收　门椒、对椒应适当早采以免坠秧影响植株生长。此后原则上是果实充分膨大，果肉变硬、果皮发亮后采收。可根据市场行情灵活掌握。

（二）彩色甜椒栽培技术要点

彩色甜椒又称大椒，是甜椒的一种，与普通甜椒不同的是其果实个头大，果肉厚，单果质量200～400克，最大可达550克，果肉厚度达5～7毫米。果形方正、果皮光滑、色泽艳丽，有红色、黄色、橙色、紫色、浅紫色、乳白色、绿色、咖啡色等多种颜色。口感甜脆，营养价值高，适合生食。彩色甜椒植株长势强，较耐低温弱光，适合在设施内栽培。在各地农业观光园区的现代化温室中多作长季节栽培，利用日光温室进行秋冬茬、冬春茬栽培。

1. 栽培品种　虽然甜椒有近300年的栽培历史，但彩色甜椒只在近几十年才开始发展，绝大部分品种均由欧美国家育成。目前国内栽培较优良的品种有先正达公司的新蒙德（红色）、方舟（红色）、黄欧宝（黄色）、橘西亚（橘黄色）、紫贵人（紫色）、白公主（蜡白色）、多米（翠绿色）等品种，以色列海泽拉公司的麦卡比（红色）、考曼奇（金黄色）等品种。

2. 育苗　彩色甜椒种子价格昂贵，育苗时一定要精细管理，保证壮苗率。具体技术措施可参照普通甜椒。如采用穴盘育小苗的日历苗龄为40～50天，采用营养钵育大苗的日历苗龄为60～70天。

3. 定植　由于彩色甜椒的生长期较长，产量高，因而要施足基肥，每亩分层施入腐熟的有机肥5 000千克、三元复合肥25千克。彩色甜椒植株长势强，应适当稀植，日光温室内可按大行70厘米、小行50厘米做小高畦，畦上开定植沟，沟内按株距40厘米摆苗，每亩栽苗2 000～2 300株。

4. 定植后的管理　定植后的温光水肥管理可参照普通甜椒，但整枝方式与普通甜椒有许多不同之处。彩色甜椒整枝一般采用双干整枝或三干整枝，即保留二杈分枝或在门椒下再留一条健壮侧枝作结果枝。门椒花蕾和基部叶片生出的侧芽应疏除，以主枝结椒为主，每株始终保持有2～3个枝条向上生长。彩色甜椒的果实均比较大，而且果实转色需要一定的时间，如果植株上留果过多，势必影响果实的大小，而且果实转色期延长，因此，可通过疏花疏果来控制单株同时结果不超过 6 个，以确保果大肉厚。在棚温低于 20 ℃和高于 30 ℃时要用生长调节剂处理。结果后期植株可高达 2 米以上，为防倒伏多采用塑料绳吊株来固定植株，每个主枝用 1 条塑料绳固定。整个生长期每株可结果 20 个左右。

5. 采收　彩色甜椒上市时对果实质量要求较为严格，最佳采摘时间是：黄、红、橙色的品种，在果实完全转色时采收；白色、紫色的品种在果实停止膨大，充分变厚时采收。采收时用剪刀或小刀从果柄与植株连接处剪切，不可用手扭断，以免损伤植株和感染病害。按大小分类包装出售，为防止彩色甜椒果实采后失水而出现果皮褶皱现象，应采取薄膜托盘密封包装，方可在低于室温条件下或超市冷柜中进行较长时间的保鲜。每个托盘可装 2～3 种颜色果实，便于食用时搭配。

（三）干辣椒栽培技术要点

我国是世界上干辣椒的主要生产和出口国家，干辣椒是我国出口创汇的主要蔬菜品种之一。在湖南、湖北、四川、贵州等均有专门生产干辣椒的基地。干辣椒以露地栽培为主，其栽培技术要点如下。

1. 品种选择　适合作干椒栽培的品种应具备以下特点：果实颜色鲜红、果形细长、加工晒干后不褪色；有较浓的辛辣味；果肉含水量小，干物质含量高。目前国际市场上较受欢迎的品种有益都红、日本三樱椒、日本天鹰椒、子弹头、南韩巨星、兖州红等。

2. 播种育苗　在无灌溉条件和劳动力缺乏的地区，干辣椒栽培多采用露地直播，可在当地终霜后播种，每亩用种量 250～500 克。条播，一般掌握在 1～2 粒/厘米^2 的密度即可。但直播易造成幼苗生长不整齐或缺苗断垄，且直播生长期短，植株矮小，后期病毒病发生，减产严重。因此，有条件的最好进行育苗移栽。春季可利用阳畦或小拱棚等简易设施育苗，一般在当地终霜前 50 天播种，于 3 叶期分苗至营养钵中，苗龄 60～70 天。苗期管理同鲜食辣椒。

3. 定植和定植后的管理　宜选择多年未种过茄科作物的生茬地，定植前每亩施入优质农家肥 3 000 千克、磷酸二铵 20 千克、草木灰 100 千克。干椒品种一般株型紧凑，适于密植。干辣椒要增加产量，主要是增加单位面积株数及单株结果数，至于单果重差异不大，因此适当密植是增产的重要措施之一。采用大小行种植，大行距 60 厘米、小行距 50 厘米、穴距 25 厘米，每穴栽 2～3 株，每亩可栽 1.0 万～1.5 万株。定植缓苗后浇一次缓苗水，然后精细中耕蹲苗。门椒坐住后开始追肥灌水，促进开花坐果和果实成熟。但后期不提倡施大量尿素，而应重视磷、钾肥的施用。果实开始红熟后，控肥控水。

4. 采收　为提高干辣椒的质量和产量，应红熟一批采收一批，晒干一批。绝不可过早，否则果实未充分红熟，晒干后易出现青壳或黄壳，影响干椒的商品性。因此，采收时必须从两面看果，确实充分红熟才能采摘。采收应在午后进行，采下的辣椒立即移至水泥晒场铺放干草帘上晾晒，日晒夜收，5～6 天即可晒干。然后根据收购标准整理、分级、出售。采收大约可持续 3 个多月，共可采收 8～10 次。

(四) 早春大棚辣椒套种苋菜技术

早春利用设施大棚种植辣椒并套种苋菜，既能充分提高土地利用率，又能丰富淡季蔬菜品种。平均每亩可产苋菜 1 500 千克，早熟辣椒 2 500 千克，产值可达 10 000 元以上。其主要栽培技术如下。

1. 品种选择　早春大棚辣椒要选择耐低温、耐高湿、耐弱光、抗病性强、易坐果且挂果集中的早熟品种，如湘研 11 号或湘研 1 号等；苋菜应选用耐寒且丰产性好的本地大圆叶红苋菜。

2. 培育辣椒壮苗　同本章节育苗内容。

3. 适期播种苋菜，定植辣椒　1 月上旬在塑料大棚内播种苋菜，每亩用种量 2.5 千克。播前清除棚内杂草，深翻土地，结合翻地施足基肥，每亩施入腐熟有机肥 5 000 千克，整地作畦前施入氮、磷、钾三元复合肥 80 千克，然后按畦净宽 1 米整平土地，扣上棚膜保温。苋菜播种前 1 天浇足底水，播时抢墒用齿耙将地表耙一遍，把种子均匀撒下，播后不盖土，用耙子浅耙一遍，使种子与土壤混合，再踏实畦面，然后再浇水。插后加盖地膜，膜上再盖稻草保温增湿。以后视生长采收和辣椒定植情况，苋菜还可加播 1 次。

2 月下旬当苋菜开始上市时，按行距 45 厘米，株距 30 厘米，采收辣椒定植穴 15 厘米周围苋菜，再打孔定植辣椒，每穴双株，每亩定植 4 500 穴左右，然后搭上小拱棚，并对辣椒喷一次辣椒植保素，保花保果，防病治病，然后盖上小拱棚膜，可保辣椒苗，并可促进苋菜生长。

4. 田间管理 苋菜出苗后将地膜换成小拱棚，前期以增温保温为主，温度低有霜冻时在小拱棚上加盖草帘或农膜。小拱棚昼揭夜盖，并加强大棚温湿度管理，保持棚温白天 25 ℃左右，夜间 12 ℃以上。大棚早、晚注意通风换气。

当外界气温稳定通过 15 ℃时撤去小拱棚。苋菜生长期短，播种密度大，生长迅速，故生长期需保持肥水充足，尤其在首次间苗定植辣椒时及时追肥，用 20%清粪水或 800 倍活力素液加尿素提苗助长，以后隔 5～7 天可用 0.5%复合肥液对辣椒、苋菜进行叶面喷施，可使两种作物健壮生长，增强抗病及抗逆力。叶面追肥后第二天视天气情况进行通风。此期关键要保持土壤湿润，棚内温度保持 22～28 ℃，不随意闭棚，当超过 30 ℃时进行小通风，以利苋菜正常生长。

当辣椒封行后，应全部采收苋菜。如辣椒生长过旺可用 150～300 毫克/升矮壮素液对辣椒顶部喷施 1 次。当辣椒进入盛果期，分次去顶整枝，以便通风透气，集中养分，并减少病害。

5. 适时采收 大棚苋菜播后 50 天左右便可间苗上市。定植辣椒时辣椒根际 10～15 厘米范围苋菜应连根整株采收上市，此后应间隔 7 天左右再采收苋菜，以利辣椒缓苗。以后每隔 2～3 天可采收苋菜一次，也可在辣椒定植缓苗后全部采收苋菜，然后再次播种苋菜。结合辣椒正常管理，可实现苋菜采收数次。辣椒按常规采收，一般早摘门椒、对椒，以利植株上部多结果。若全部采红辣椒，每穴双株以结果 600～700 克为度，分次疏叶，最后一果坐稳后先去顶整枝，后在果实上端留 1～2 片叶。待下部两层果着青色时，可喷施 200～250 毫克/升乙烯利溶液，催红后即可全部一次采收。

附录 几种常见蔬菜立体栽培模式

（1）番茄早、晚熟品种高矮秧密植立体栽培模式 主要适用于日光温室、塑料大棚的春早熟栽培，或越冬栽培。采用早、晚熟品种交错栽培，增加前期密度，提高早期产量。以中、晚熟品种为主栽行，早熟矮秧品种为加行。主栽行行距1米、株距30厘米。加行在主栽行中间，株距25厘米。栽培中，加行早熟品种留2穗果摘心，并用番茄灵保花。如每株坐果太多，应进行疏花疏果，每株留果10个左右，采收后及时拔秧。晚熟品种主栽培每株留5～6穗果打顶。

（2）春番茄间作矮生菜豆立体栽培模式 主要适用于塑料大棚春早熟栽培。番茄与菜豆隔畦间作，均用1米宽的平畦。番茄用早熟品种，华北地区于1月中旬播种育苗，3月中旬定植，每畦栽2行，株距20厘米。5月中旬开始收获，6月下旬拉秧。菜豆用矮生品种，2月下旬至3月初播种，每畦3行，点播，穴距33厘米，每穴3～4粒。4月中下旬收获，6月初拉秧。

（3）秋番茄间作芹菜立体栽培模式 利用塑料大棚进行，采用1.2米宽的平畦，隔畦栽培。番茄用中、晚熟品种，7月下旬育苗，8月下旬定植，每畦2行，株距25厘米。每穗留4～5个果，每株留2～3穗。大棚于9月下旬覆塑料薄膜，12月初采收上市。芹菜于7月上中旬育苗，9月上旬定植于大棚内，每畦栽8行，行距15厘米、株距10～12厘米。12月以后可陆续上市。

（4）春早熟黄瓜间作春早熟甘蓝，秋延迟番茄间作食用菌周年、多茬、立体栽培 该模式为两主茬栽培，一年4种4收。春早熟黄瓜间作春早熟甘蓝。黄瓜拉秧后秋季栽培秋延迟番茄，7月下旬育苗，8月下旬定植。食用菌可用袋装放在番茄行间进行栽培。

（5）春早熟黄瓜，夏豆角间作草菇，秋番茄间作芹菜周年、多茬、立体栽培　该模式为1年3茬，6作6收，在塑料大棚中进行。春早熟黄瓜于3月上旬定植，采用加行密植模式，加行5月中旬拉秧。主栽行于6月中下旬拉秧。拉秧前套种夏豆角，夏豆角隔畦种草菇。豆角收后种秋延迟番茄，间作芹菜。

（6）春早熟黄瓜套种平菇，夏豆角套种草菇，秋延迟番茄套种平菇周年、多茬、立体栽培模式　为菌、菜空间立体栽培模式，在日光温室内，采用架槽式或床式立体栽培方法。春早熟黄瓜3月上中旬定植，下层用中温性子菇。5月下旬黄瓜架下种豆角，豆角架下种草菇。8月下旬种秋延迟番茄，10月下旬下层种秋平菇。

（7）越冬黄瓜间作蒜苗，蒜苗收后种春早熟番茄，夏豆角间作草菇，秋花椰菜间作生菜周年、多茬、立体栽培　利用日光温室进行越冬黄瓜栽培，黄瓜于11月初定植，翌年5月下旬拉秧。蒜苗于11月中下旬间作于黄瓜行间，新年前上市。1月可利用黄瓜行间再种一茬蒜苗供应春节。2月上旬蒜苗畦定植春早熟番茄。番茄用早熟品种，6月上旬拉秧。夏茬接黄瓜种豆角，接番茄种草菇。豆角于8月底拉秧。秋季接草菇栽培花椰菜，接豆角茬种生菜或平菇。

（8）越冬芹菜间作白菜，春早熟黄瓜加行密植，秋番茄周年、多茬、立体栽培　利用日光温室，冬前整好1米宽的畦。10月上旬定植芹菜。采用隔畦种植的方法，一畦种芹菜，一畦定植白菜。3月上旬收白菜，定植2行春早熟黄瓜，形成芹菜套栽黄瓜的模式。3月下旬收完芹菜，再接种2行晚熟黄瓜。早熟黄瓜收后拔秧，留下晚熟黄瓜。秋季种秋延迟番茄。

（9）越冬黄瓜、夏生姜，秋延迟番茄周年、多茬、立体栽培　利用日光温室栽培越冬黄瓜。翌年5月上中旬播种生姜。7月中下旬黄瓜拉秧。10月中旬收姜。然后种植越冬番茄。

（10）春早熟番茄间作平菇，秋延迟黄瓜间作花椰菜周年、多茬立体栽培　为2茬栽培，一年4种4收。栽培设施为塑料大棚。华北地区2月扣塑料大棚。番茄起垄栽培，垄距80厘米、高15厘米。3月中下旬定植。2月中下旬在番茄垄间填料、接种平菇。4月底平菇采收完毕。7月下旬番茄拉秧。8月中下旬定植秋黄瓜，行间间作花椰菜。

（11）越冬芹菜间作平菇，早春番茄间作甘蓝，夏豆角间作草菇周年、多茬立体栽培　为3茬栽培，一年6作6收模式。越冬芹菜8月中旬育苗，10月中旬定植于大棚中。定植时做成高、低畦，高畦宽80厘米、低畦宽60厘米、深20厘米。芹菜定植在高畦上。株行距（10～12）厘米×（15～20）厘米。11月上旬扣膜时，在低畦内填入培养料，种平菇，冬季畦上扣小拱棚。芹菜于春节前收获，于翌年2月下旬定植2行早熟甘蓝。平菇于2月上旬采收，3月中下旬结束，即定植早熟番茄。5月上中旬甘蓝收获，整地做高畦栽培草菇。6月上旬在番茄畦内种豆角。6月下旬番茄拉秧。豆角畦下套种2茬草菇。

（12）早春番茄间作速生叶菜，秋延迟黄瓜间作花椰菜周年、多茬立体栽培　该模式采用塑料大棚栽培。3月中下旬定植春早熟番茄，间作白菜、芫荽、茼蒿等速生叶菜。叶菜4月收获。番茄7月拉秧。7月中下旬至8月上旬定植秋黄瓜间作花椰菜。

（13）越冬番茄、佛手瓜、秋芹菜周年、多茬立体栽培　利用日光温室进行。番茄9月上旬育苗，10月上中旬定植。佛手瓜翌年3月中下旬栽植于温室南侧。番茄于6月上中旬拉秧。佛手瓜夏季爬满温室骨架，10月中下旬拉秧。秋芹菜于9月上中旬定植。

（14）越冬芹菜间作白菜，高矮秧春早熟，晚熟番茄，秋黄瓜周年、多茬立体栽培　利用日光温室进行。做1米宽的平畦，10月上旬定植芹菜，隔畦种植白菜。翌年3月上旬收白菜种2行早熟番茄。3月下旬收芹菜种2行晚熟番茄。番茄于7月下旬拉秧后种秋黄瓜。

主 要 参 考 文 献

卞新民，王耀南，2001. 立体农业 [M]. 南京：江苏科学技术出版社.

别之龙，2005. 长江流域茄果类蔬菜春季设施栽培技术 [J]. 长江蔬菜
　（3）：45－47.

别之龙，2005. 长江流域设施蔬菜秋延后栽培技术 [J]. 长江蔬菜（9）：
　50－52.

别之龙，汪李平，2005. 长江流域西甜瓜春季设施栽培技术 [J]. 长江蔬
　菜（5）：50－52.

陈杏禹，2005. 蔬菜栽培 [M]. 北京：高等教育出版社.

陈学好，2013. 瓜类蔬菜设施栽培 [M]. 北京：中国农业出版社.

范双喜，2003. 现代蔬菜生产技术全书 [M]. 北京：中国农业出版社.

韩世栋，2001. 蔬菜栽培 [M]. 北京：中国农业出版社.

吕家龙，2001. 蔬菜栽培学各论（南方本）[M]. 北京：中国农业出版社.

王利娜，2009. 日光温室番茄—平菇立体栽培技术 [J]. 中国园艺文摘，
　25（3）：82.

王秀峰，2011. 蔬菜栽培各论 [M]. 北京：中国农业出版社.

王玉华，2009. 茄子套种食用菌高产高效立体栽培技术 [J]. 北京农业
　（28）：9.

吴志行，2001. 蔬菜设施栽培新技术 [M]. 上海：上海科学技术出版社.

杨若凡，2009. 瓜类蔬菜高产栽培技术 [J]. 广东农村实用技术（3）：23.

郑世发，黄燕文，2010. 蔬菜间作套种新技术 [M]. 北京：金盾出版社.

中国农业科学院蔬菜花卉研究所，2010. 中国蔬菜栽培学 [M]. 北京：中
　国农业出版社.

图书在版编目（CIP）数据

瓜果类蔬菜立体栽培实用技术／施雪良，朱兴娜，
顾掌根主编 . —北京：中国农业出版社，2016. 10（2019. 5 重印）
（生态循环农业实用技术系列丛书 . 节约集约农业实
用技术系列丛书）
ISBN 978 - 7 - 109 - 22091 - 1

Ⅰ. ①瓜…　Ⅱ. ①施…　②朱…　③顾…　Ⅲ. ①瓜类蔬
菜-立体栽培　Ⅳ. ①S642

中国版本图书馆 CIP 数据核字（2016）第 213717 号

中国农业出版社出版
（北京市朝阳区麦子店街 18 号楼）
（邮政编码 100125）
责任编辑　魏兆猛

北京通州皇家印刷厂印刷　新华书店北京发行所发行
2016 年 10 月第 1 版　2019 年 5 月北京第 3 次印刷

开本：850mm×1168mm　1/32　印张：3.75
字数：78 千字
定价：15.00 元
（凡本版图书出现印刷、装订错误，请向出版社发行部调换）